EUL VERLAG

MARKETING

Herausgegeben von Prof. Dr. Heribert Gierl, Augsburg, Prof. Dr. Roland Helm, Regensburg, Prof. Dr. Frank Huber, Mainz, und Prof. Dr. Henrik Sattler, Hamburg

Band 61
Stefan Vollmann, Tim Lindemann und Frank Huber
Open Innovation – Eine empirische Analyse zur Identifikation innovationsbereiter Kunden
Lohmar – Köln 2012 ◆ 108 S. ◆ € 38,- (D) ◆ ISBN 978-3-8441-0153-

Band 62
Frank Huber, Andrea Weihrauch und Julia Weindel
Erfolgreiche Arbeitgebermarken-Gestaltung bei potentiellen und bestehenden Arbeitnehmern
Lohmar – Köln 2012 ◆ 120 S. ◆ € 42,- (D) ◆ ISBN 978-3-8441-0158-4

Band 63
Frank Huber, Andrea Weihrauch und Michelle Höchst
Orderverhalten von Einkäufern in B2B-Märkten – Eine kausalanalytische Studie zum Wechselspiel von ökonomischen und emotionalen Faktoren
Lohmar – Köln 2012 ◆ 164 S. ◆ € 47,- (D) ◆ ISBN 978-3-8441-0169-0

Band 64
Frank Huber, Michael Lenzen und Andreas Daum
Viral Marketing erfolgreich nutzen – Eine empirische Analyse zur Erklärung der Weiterleitungsabsicht für virale Werbespots
Lohmar – Köln 2012 ◆ 172 S. ◆ € 48,- (D) ◆ ISBN 978-3-8441-0199-7

Band 65
Frank Huber, Michael Lenzen, Bianca Schönrock und Katrin Stein
Online-Shopping bei Konsumgütern – Ein empirischer Branchenvergleich zur Erklärung von Kaufabsicht und Aufpreisbereitschaft
Lohmar – Köln 2013 ◆ 148 S. ◆ € 43,- (D) ◆ ISBN 978-3-8441-0222-2

Band 66
Guido Grunwald
Garantien als Marketinginstrument – Wirkungs- und Entscheidungsanalyse
Lohmar – Köln 2013 ◆ 108 S. ◆ € 38,- (D) ◆ ISBN 978-3-8441-0226-0

JOSEF EUL VERLAG

Reihe: Marketing · Band 66

Herausgegeben von Prof. Dr. Heribert Gierl, Augsburg, Prof. Dr. Roland Helm, Regensburg, Prof. Dr. Frank Huber, Mainz, und Prof. Dr. Henrik Sattler, Hamburg

Dr. Guido Grunwald

Garantien als Marketinginstrument

Wirkungs- und Entscheidungsanalyse

EUL VERLAG

Bibliografische Information der Deutschen Nationalbibliothek

Die Deutsche Nationalbibliothek verzeichnet diese Publikation in der Deutschen Nationalbibliografie; detaillierte bibliografische Daten sind im Internet über <http://dnb.d-nb.de> abrufbar.

ISBN 978-3-8441-0226-0
1. Auflage Februar 2013

JOSEF EUL VERLAG GmbH
Brandsberg 6
53797 Lohmar
Tel.: 0 22 05 / 90 10 6-6
Fax: 0 22 05 / 90 10 6-88
E-Mail: info@eul-verlag.de
http://www.eul-verlag.de

Bei der Herstellung unserer Bücher möchten wir die Umwelt schonen. Dieses Buch ist daher auf säurefreiem, 100% chlorfrei gebleichtem, alterungsbeständigem Papier nach DIN 6738 gedruckt.

Vorwort

Die hohe Bedeutung von Garantien als Marketinginstrument scheint sowohl im Konsumgüter- wie auch im Industriegüterbereich ungebrochen. Das belegen aktuelle Beispiele, bei denen Produkte und Leistungen von Anbietern mit weit marktüberdurchschnittlichen Garantiezusagen ausgestattet und offensiv beworben werden.

Mit diesem Buch sollen Wege zur Nutzung von Produktgarantien als Marketinginstrument aufgezeigt und Grenzen, die aus der Wirkungsweise von Garantien sowohl in der Vorkauf- wie auch in der Nachkaufphase resultieren, transparent gemacht werden. Im Anschluss an eine solche sowohl produkt- als auch kommunikationspolitische Aspekte umfassende Wirkungsanalyse werden im Rahmen einer Entscheidungsanalyse der aus Anbietersicht bestehende Informationsbedarf der Garantiepolitik aufgezeigt und Optimierungsüberlegungen an einem konkreten Fallbeispiel illustriert.

Mit dieser Zielsetzung wendet sich das Buch zum einen an Praktiker, die Ansatzpunkte zur Gestaltung ihrer Garantiepolitik benötigen und dabei auch Garantiewirkungen auf ihre Marktpartner umfassend zu berücksichtigen haben. Zum anderen werden Wissenschaftler angesprochen, die sich etwa als Ingenieure im Rahmen der Zuverlässigkeitsanalyse erstmalig mit dem interdisziplinären Thema Garantiepolitik an der Schnittstelle Marketing, Recht und Ingenieurwissenschaften auseinandersetzen und garantiepolitisch relevante Informationen beizusteuern haben.

Für viele konstruktive fachliche Ratschläge bedanke ich mich bei Herrn Univ.-Prof. Dr. Dirk Standop sowie bei Herrn Priv.-Doz. Dr. Bernd Hempelmann.

Lingen/Ems, im Februar 2013 Dr. Guido Grunwald

Inhaltsverzeichnis

Abbildungs- und Tabellenverzeichnis

1 Einleitung

Eine **Garantie** ist eine auf einem (mündlichen oder schriftlichen) Vertrag fußende Verpflichtung zur kostenlosen Beseitigung auftretender Mängel der gelieferten Produkte im Rahmen des vereinbarten Umfangs zur Wiederherstellung ihrer beim Verkauf zugesicherten Beschaffenheit.[1] Garantien weisen definitionsgemäß mit der Zusicherung einer Leistung von wohl definierter Beschaffenheit einerseits und einer zugesicherten Kompensation im Falle der Schlechtleistung andererseits zwei Kernelemente auf, die ein Anbieter als Stellgrößen (Entscheidungsvariablen) seiner Garantiepolitik ansehen und gestalten kann.

Unter **Garantiepolitik** kann die Setzung von garantiepolitischen Zielen und die Bestimmung der zu ihrer Erreichung anzuwendenden Mittel, mithin die Festlegung garantiepolitischer Entscheidungsvariablen (z. B. Umfang und Art der garantierten Qualitätseigenschaften, Garantiedauer, gewährte Kompensation im Garantiefall) unter Beachtung der relevanten Einflussgrößen als Wir-

[1] Im Unterschied zur Garantie handelt es sich bei *Gewährleistungsverpflichtungen* um gesetzliche Vereinbarungen, für die die im deutschen Recht vorgesehenen Vorschriften Anwendung finden (vgl. §§ 459 ff. BGB). Außerhalb jeglicher rechtlicher Verpflichtung – d. h. weder gesetzlich noch vertraglich festgelegt – stehen die sogenannten Kulanzleistungen. Unter *Kulanz* versteht man die freiwillige Ausdehnung des Umfangs der vereinbarten Garantieleistungen. Vgl. Reinhold 1983, S. 18 f.

kungsbedingungen (z. B. des Ansehens des Anbieters auf dem Markt) verstanden werden.

Werden mit der Garantiepolitik auch und vor allem Absatzziele wie die Verbesserung der Neukundengewinnung oder der Kundenbindung verbunden, so lässt sich von **Garantien als Marketinginstrument** sprechen. Viele Anbieter nutzen Garantien als Marketinginstrument zur Positionierung im Wettbewerb, vor allem aber zur Signalisierung hoher Produktqualität und zum Abbau wahrgenommener Kaufrisiken, die Kaufwiderstände darstellen. So wirbt beispielsweise der Automobilhersteller *Opel* aktuell mit einer lebenslänglichen Garantie auf Neuwagen bis 160.000 km und knüpft daran das Ziel, das Vertrauen in die durch Rückrufaktionen in Mitleidenschaft gezogene Marke wiederherzustellen und hohe Zuverlässigkeit der neuen Modelle zu signalisieren.[2] Der Automobilhersteller *Kia* wirbt mit einer Siebenjahres-Garantie und weitet diese auf alle seine Modelle aus.[3]

Der Einsatz von Garantien als Marketinginstrument kann für einen Anbieter darüber hinaus aber auch zu einer Verbesserung der Informationslage über seine Kunden und die eigenen Produkte beitragen, wenn über das Beschwer-

[2] Vgl. http://www.spiegel.de/auto/aktuell/garantie-bis-160-000-kilometer-lebenslaenglich-fuer-opel-fahrer-a-710184.html)

[3] Vgl. http://www.autobild.de/artikel/sieben-jahre-garantie-fuer -alle-kia-1030988.html

demanagementsystem Qualitätsprobleme regelmäßig erfasst, typologisiert und im Hinblick auf mögliche Ursachen und typische Verwendungsweisen der Produkte ausgewertet werden. Studien belegen, dass Garantien im Übrigen auch die Bereitschaft von Konsumenten zu steigern vermögen, sich beim Anbieter über ein erfahrenes Qualitätsproblem zu beschweren, was dem Anbieter die oben beschriebenen Möglichkeiten der Informationsgewinnung eröffnet.[4]

Der mit dem Einsatz von Garantien verbundene Nutzen für einen Anbieter wird sich jedoch nicht in jedem Falle einstellen, sondern hängt – wie Forschungsergebnisse zeigen – zum einen ab von der konkreten Ausgestaltung des Instruments Garantiepolitik und zum anderen von der Wahrnehmung und Beurteilung der Garantie durch Konsumenten als Determinanten ihres Beschwerde- bzw. Reklamationsverhaltens.[5] Mögliche Grenzen seien bereits an dieser Stelle mit der von Konsumenten empfundenen Unglaubwürdigkeit eines weit übertriebenen Garantieversprechens und vermuteten verdeckten Kosten der Garantie angedeutet.

Vor diesem Hintergrund sucht dieses Buch zum einen, die Wirkungsweise von Garantien als Marketinginstrument transparent zu machen, wobei sowohl Variablen des Konsumentenverhaltens in der Vorkauf- als auch in der Nach-

---

[4] Vgl. Standop/Grunwald 2009, S. 115 ff.
[5] Vgl. Standop/Grunwald 2009.

kaufphase betrachtet werden sollen. Auf der Grundlage einer solchen verhaltenswissenschaftlichen **Wirkungsanalyse** sollen sodann Wege zur betriebswirtschaftlichen Optimierung der Garantiezusage aufgezeigt werden. Gegenstand einer solchen **Entscheidungsanalyse** ist die Beantwortung der Frage, wie die Garantie (z. B. im Hinblick auf die Garantiedauer) ausgestaltet sein sollte, damit sich die erhofften Wirkungen einstellen und der betriebswirtschaftliche Nutzen möglichst groß wird. Wie lassen sich in diesem Zusammenhang Einflussfaktoren auf die Festlegung der garantiepolitischen Entscheidungsvariablen modellieren?

Im Anschluss an die Darstellung der Grundlagen der Garantiepolitik in *Kapitel 2* ist *Kapitel 3* der Wirkungsanalyse von Garantien im Kontext des Konsumentenverhaltens in der Vorkaufphase (*Kapitel 3.1*) und in der Nachkaufphase (*Kapitel 3.2*) sowie den jeweiligen Wirkungsbedingungen (*Kapitel 3.3*) gewidmet.

Im Rahmen der in *Kapitel 4* vorgestellten Entscheidungsanalyse wird nach der Vorstellung grundlegender Optimierungskalküle (*Kapitel 4.1*) ein Modell zur Bestimmung der optimalen Garantiedauer vorgestellt (*Kapitel 4.2*), welches sodann auf den praktischen Fall eines Anbieters der IT-Branche übertragen wird (*Kapitel 4.3*).

Die zentralen Ergebnisse von Wirkungs- und Entscheidungsanalyse sowie die sich aus der Fallbetrachtung ergebenden Schlussfolgerungen im Hinblick auf den für eine Optimierung der Garantiezusage erforderlichen Dateninput und die Einflussfaktoren auf die Garantiezusage werden in *Kapitel 5* zusammengefasst.

2 Grundlagen

2.1 Garantieprozess

Die mit der Vergabe von Garantien verbundenen konsumenten- und anbieterseitigen Wirkungen können allgemein durch einen Prozess wie folgt veranschaulicht werden. Der Hersteller (**Garantiegeber, Garant**) gibt gegenüber dem Konsumenten (**Garantiesubjekt**) auf bestimmte Produkteigenschaften ein Leistungsversprechen in Form einer Garantie ab. Die Gestaltung dieses Aspektes der Garantiepolitik, etwa die Auswahl der zu garantierenden Produkteigenschaften und -ausprägungen, ist insofern Teil der Produktpolitik des Anbieters. Parallel kommuniziert der Anbieter die Garantie – etwa in Form persönlicher oder unpersönlicher werblicher Kommunikation – an das Garantiesubjekt, womit dessen vor dem Kauf gebildete Qualitätserwartungen beeinflusst werden. Die inhaltliche und formale Gestaltung der Kommunikation der Garantiezusage ist wiederum Gegenstand der Kommunikationspolitik des Anbieters.

Aus dem Zusammenspiel von eingebauten **Produkteigenschaften** (z. B. eingebauter Produkthaltbarkeit, Produktsicherheit) einerseits und dem **Verwendungsverhalten** des Kunden, wie etwa seiner angewandten Sorgfalt und Nutzungsintensität, andererseits resultiert eine bestimmte Leistung, die der Konsument wahrnimmt und mit seinen vor dem Kauf gebildeten Qualitätserwartungen vergleicht.[6]

Fällt diese Leistung aus Sicht des Konsumenten zufriedenstellend aus, was nach dem **Confirmation/Disconfirmation-Paradigma** dann eintritt, wenn die wahrgenommene Leistung mindestens seinen qualitätsbezogenen Erwartungen entspricht, so kommen auf den Anbieter keine Garantiekosten zu. Zudem mag die Kundenbindung erhöht werden können, beispielsweise in der Facette gesteigerter Zusatzkauf- oder Weiterempfehlungsbereitschaft des Kunden. Ist der Konsument hingegen unzufrieden und beschwert sich über das Unzufriedenheit auslösende Qualitätsproblem beim Anbieter, so können auf den Anbieter Kosten zukommen, die mit der Abwicklung des Garantiefalls verbunden sind (sog. **Garantiekosten**), wie beispielsweise Kosten für den Ersatz des Produktes oder eine Reparatur.

Dieser in *Abbildung 1* visualisierte **Garantieprozess** veranschaulicht somit, wovon die auf den Anbieter im Garantiefall zukommenden Garantiekosten abhängen.

[6] Vgl. zum Verwendungs- und Sicherheitsverhalten des Konsumenten: Asche 1990.

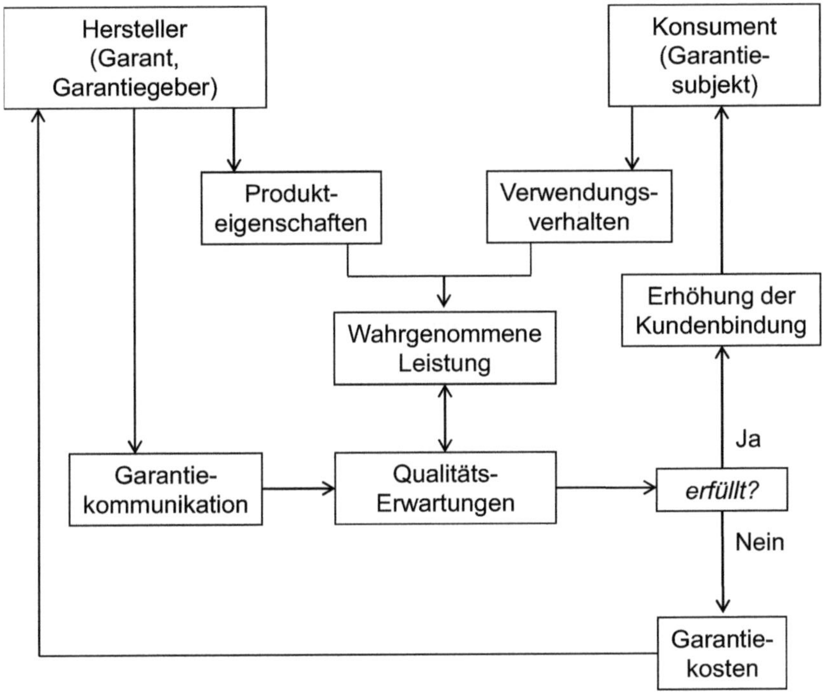

Abb. 1: Der Garantieprozess im Überblick

Zu benennen sind hier drei Gruppen von **Einflussfaktoren**, durch die der Anbieter mehr oder weniger effektiv Garantiekosten abbauen könnte:

- *Erstens* durch die Festlegung seiner **Garantiepolitik** selbst: Beispielsweise geht es hierbei um die Frage, ob der Anbieter eine Vollerstattungs- oder Teilerstattungsgarantie wählt.
- *Zweitens* durch die Wahl seiner **Qualitätspolitik**: Hierbei sind die bei der Herstellung verwendeten Materialarten und -stärken, Produktsicherheitseigenschaften, Warnsignale, Qualitätsprüfverfahren usw. zu beachten.

- *Drittens* durch Einflussnahme auf das **Verwendungsverhalten** der Nachfrager: Hierfür kommen beispielsweise kommunikationspolitische Maßnahmen wie Produktaufschriften und Bedienungsanleitungen sowie sämtliche Formen der Sicherheitskommunikation in Betracht.

Die genannten Einflussgrößen auf die Garantiekosten wirken jedoch keineswegs nur isoliert voneinander. Im Rahmen von Optimierungsüberlegungen sind auch die Wechselwirkungen (Interaktionen) zwischen den Faktorengruppen zu beachten: So ist durchaus vorstellbar, dass ein vom Anbieter gewähltes und an Konsumenten kommuniziertes höheres Maß an Produktsicherheitseigenschaften von Konsumenten zum Anlass genommen wird, ihre übliche Verwendungssorgfalt zu reduzieren. Eine solche Wirkung würde die Anstrengungen des Anbieters zum Abbau von Konsumrisiken und Garantiekosten gleichsam kompensieren, weshalb in diesem Kontext auch von der These der **Risikokompensation** gesprochen wird.[7] In der Forschung zur Risikokompensation offen ist noch die Frage, bei welchen Produkten Risikokompensation zum Problem gereicht und insofern bei Optimierungsüberlegungen vom Anbieter zu berücksichtigen wäre.

---

[7] Vgl. Standop 2009.

2.2 Garantiepolitische Ziele

Die an Garantien als Marketinginstrument aus Anbietersicht geknüpften ökonomischen Ziele betreffen regelmäßig Zielgrößen sowohl in der Vorkaufphase wie auch in der Nachkaufphase. Die garantiepolitischen Ziele lassen sich – wie in *Abbildung 2* dargestellt – entlang einem typischen Kaufentscheidungsprozess – in fünf Kategorien einteilen.

In der Vorkaufphase dienen Garantien einem Anbieter als Merkmal zur **Differenzierung im Wettbewerb**. Im Zuge sich immer weiter annähernder (technischer) Produktqualitäten nimmt die Bedeutung neuer Abgrenzungsmerkmale im Wettbewerb zu. Durch Aussprechen einer marktüberdurchschnittlichen Garantie kann ein Anbieter im Markt sichtbar werden, d. h. die Wahrscheinlichkeit erhöhen, in die Menge relevanter Alternativen aus Konsumentensicht – das so genannte relevent set – zu gelangen. Dies kann einerseits dadurch geschehen, dass der Anbieter sich mit seiner Garantiezusage deutlich von den Garantiezusagen konkurrierender Anbieter absetzt und/oder er Garantien als gänzlich neue Produkteigenschaft in seiner Produktkommunikation auslobt, wenn nämlich Konkurrenzanbieter Garantien bislang lediglich auf dem Niveau gesetzlicher Gewährleistungen offeriert und damit nicht aktiv als Marketinginstrument genutzt haben.

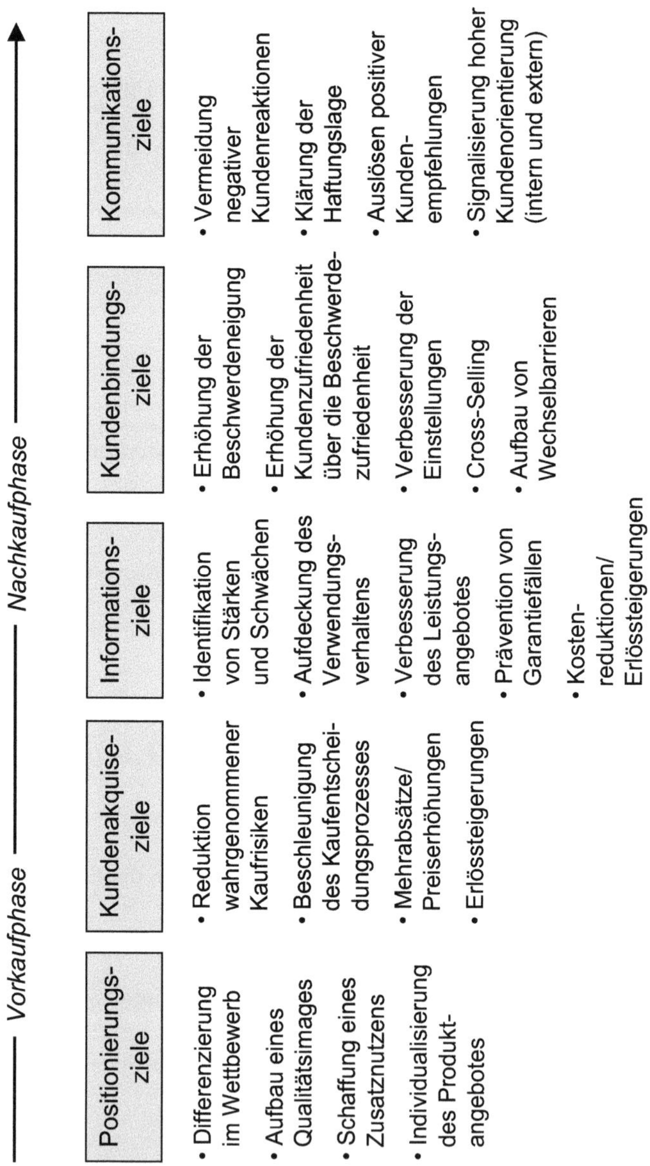

Abb. 2: Garantiepolitische Ziele in der Vorkauf- und Nachkaufphase

Über die Garantie kann er Nachfragern hohe Qualität und Qualitätskonstanz im Sinne von Zuverlässigkeit seiner Produkte glaubhaft signalisieren und damit ein **Image für hohe Produktqualität** auf- oder ausbauen.

Mit dem Angebot einer Garantie kann ein Anbieter Nachfragern einen für sie wichtigen **Zusatznutzen** neben dem Kernnutzen des Produktes schaffen, was insbesondere dann angezeigt ist, wenn mit dem Kauf aus Konsumentensicht hohe Risiken assoziiert werden. Letzteres dürfte insbesondere dann zu erwarten sein, wenn es sich um eine für Käufer noch relativ unbekannte Marke bzw. ein neues Produkt handelt, Käufe in einer von Nachfragern selten gekauften Produktkategorie getätigt werden und/oder eine längerfristige Bindung an das Produkt eingegangen werden soll.[8]

Mit der Möglichkeit, solchen Käufern ein gemäß ihrer individuellen Bedürfnisse und Zahlungsbereitschaften entsprechendes Produktbündel, bestehend aus dem Kernprodukt und einer jeweils passend gewählten Garantie als produktbegleitende Zusatzleistung, zu offerieren, ist eine Möglichkeit der **Individualisierung des Produktangebotes** geschaffen. Kunden könnten individuell nach ihrer Risikoneigung und Zahlungsbereitschaft zwischen einer besonders umfangreichen, aber teueren Garantie oder aber einer etwas über dem

[8] Vgl. Kroeber-Riel/Weinberg 1996, S. 248 ff.

Marktstandard liegenden günstigeren Garantiezusage frei wählen. Die Individualisierung kann ebenso als Mittel zur Differenzierung des eigenen Produktangebotes in einem Markt von ansonsten homogenen und standardisierten Angeboten genutzt werden.

Sofern durch eine passend gewählte Garantie **wahrgenommene Kaufrisiken** bei Nachfragern abgebaut werden können, kann der Kaufentscheidungsprozess tendenziell schneller durchlaufen werden. Der Konsument fühlt sich auch nach dem Kauf durch die Garantie gegen Schlechtleistung hinreichend geschützt. Das kann dazu führen, dass Verkaufsgespräche mit dem Käufer weniger ausführlich geführt werden müssen und dieser Alternativen weniger umfassend prüft, sondern eben anhand der Garantie auch schneller vergleichen kann. Die Garantie bündelt – vergleichbar einer Marke – viele Einzelinformationen (z. B. technische Details) über den Anbieter und seine Produkte, die der Käufer bei Fehlen eines solchen Qualitätssignals heranziehen würde. Solche Zusatznutzen für den Nachfrager drücken sich regelmäßig in einer erhöhten Zahlungsbereitschaft für das betreffende, zusammen mit einer Garantie angebotene Produkt aus sowie in Mehrabsätzen, wodurch der Anbieter **Erlössteigerungen** realisieren kann.

Bereits in der Vorkaufphase kann der Anbieter bei Wahl einer bestimmten Garantievariante durch den Nachfrager auf dessen Risikoneigung und gegebenenfalls einen gesteigerten Servicebedarf in der Nachkaufphase schließen. Doch vor allem in der Nachkaufphase können im Rahmen der Abwicklung von Garantiefällen systematisch Informationen über den Kunden und sein **Verwendungsverhalten** sowie über **Stärken und Schwächen** samt Qualitätsproblemen des Produktes nach Art, Schwere und Häufigkeit des Auftretens gesammelt und ausgewertet werden.

Solche Informationen können systematisch in die Verbesserung der Produktqualität (Auswahl von Materialien, Lieferanten, Verbesserung von Qualitätsprüfverfahren) und die Produktkommunikation (z. B. Warnhinweise am Produkt, Aufklärungskampagnen für eine sichere Verwendung des Produktes, Gebrauchsanweisungen) einfließen. Hiermit können **zukünftige Garantiefälle** – jedenfalls partiell – vermieden werden, womit der Anbieter Garantiekosten senken kann. Infolge höherer (wahrgenommener) Produktqualität und vermiedener Garantiefälle können sich auch die Anbietererlöse erhöhen.

Mit dem Angebot einer Garantie gibt der Anbieter Nachfragern einen Anreiz, sich im Falle von Qualitätsproblemen beim Anbieter erfolgreich zu beschweren.[9] Durch die Garantie macht er Nachfrager in besonderer Weise auf einen rechtlichen Schutz und einen etwaigen Anspruch aufmerksam und vermag damit die **Beschwerdeneigung** zu steigern. Mit der Beschwerdeabwicklung erhält der Anbieter zusätzliche Kundenkontaktpunkte, in denen er dem Kunden seine hohe Service- und Kundenorientierung demonstrieren und gegebenenfalls weitere Leistungen (z. B. kostenpflichtige Wartungen) anbieten kann.

Ein solcher Mitverkauf weiterer Leistungen an dieselben Kunden (**Cross Selling**) kann auch dadurch forciert werden, dass die Einlösung eines Garantieanspruchs von bestimmten Bedingungen abhängig gemacht wird, die im Garantievertrag verankert sind. Hierzu gehört z. B. die regelmäßige Wartung und Inspektion des Produktes bei Vertragswerkstätten oder anderen Serviceeinrichtungen des Anbieters und die ausschließliche Verwendung von Originalersatzteilen des Anbieters.

Durch eine zufriedenstellende Garantieabwicklung mögen sich auch die Zufriedenheit mit dem Anbieter und die Einstellung zu dessen Produkten insgesamt verbessern. Sowohl verbesserte Einstellungs- und Zufriedenheitswerte wie auch zur regelmäßigen Wartung und zum Kauf von Originalteilen anrei-

---

[9] Vgl. Standop/Grunwald 2009, S. 115 ff.

zende Garantieklauseln bilden Wechselbarrieren, die die Kundenbindung auf einem hohen Niveau bewahren.

Wird der Kunde im Falle der Schlechtleistung im Rahmen der Garantieabwicklung zufriedengestellt, so können negative Kundenreaktionen, wie etwa negative Mund-zu-Mund-Kommunikation gerichtet an andere Kunden oder gar an Dritte (z. B. Verbrauchschutzorganisationen, Medien) unterbunden werden. Werden Garantien gegeben, die sich – wie im Falle der spezifischen Garantie – auf ganz bestimmte Produkteigenschaften beziehen, so kann der Anbieter hiermit seine Haftung auf die in der Garantiezusage besonders zugesicherten Eigenschaften beschränken. Nicht nur die Vermeidung negativer, sondern auch das **Auslösen positiver Kundenempfehlungen** über den Anbieter können in diesem Zusammenhang Ziele der Garantiepolitik sein. Hintergrund ist hier die Vorstellung, dass der Kunde den Erfolg einer zufriedenstellenden Garantiefallabwicklung dem Anbieter zuschreibt und der Kunde sich auch in Krisenzeiten auf das Unternehmen verlassen kann.

Der Anbieter kann dem Kunden so seine **hohe Kundenorientierung** demonstrieren, die aber auch für die Mitarbeiter des Anbieters zu einer wichtigen, durch die Garantie fest verankerten Handlungsmaxime werden kann. Hiermit kann die Etablierung eines (umfassenden) **Qualitätsmanagements** mit qualitätsbezogenen Mitarbeiterzielen, Anreizen und Prüfverfahren verbunden sein, mit positiven Effekten auf die Mitarbeitermotivation und Marktorientierung des Unternehmens.[10]

2.3 Garantieformen

Garantien beinhalten mit dem Leistungsversprechen und dem Wiedergutmachungsanspruch (Kompensationsleistung) zwei Kernelemente, die sich als **garantiepolitische Entscheidungsvariablen** des Anbieters auffassen lassen. Diese Kernelemente lassen sich, wie in *Abbildung 3* dargestellt, weiter in unterschiedliche Merkmale und Ausprägungen aufgliedern. Aus der Kombination dieser Garantiemerkmale in jeweils einer Ausprägung resultieren **Garantieformen**.[11]

Bei der Festlegung des **Leistungsversprechens** ist zunächst dessen **Gegenstand** zu konkretisieren: Auf welche Produkte bzw. welche Produkteigenschaften wird das Leistungsversprechen ausgesprochen? Wie viele Produkte bzw. Produkteigenschaften sollen Gegenstand der Garantiezusage sein? So könnte ein Anbieter beispielsweise für alle oder aber nur für einen bestimm-

[10] Vgl. Kashyap 2001, S. 13 ff.
[11] Vgl. Blischke/Murthy 1992 und Menezes 1989.

ten Teil seiner Produkte eine Garantie aussprechen. Für ein bestimmtes Produkt könnten dann sämtliche Eigenschaften oder aber nur ein bestimmter Teil der Eigenschaften dem Leistungsversprechen unterliegen. Im ersten (letzten) Fall wird auch von **unspezifischer (spezifischer) Garantie** gesprochen.

Zweitens muss über die **Geltung** (Gültigkeit) des Leistungsversprechens entschieden werden. Wie lange, in Zeiteinheiten ausgedrückt, soll die Garantiezusage gelten (Garantiedauer)? Anstelle der Festlegung einer Garantiedauer könnte der Anbieter auch eine oder mehrere Nutzungsobergrenzen vorgeben, die das Ende des Leistungsversprechens determinieren. Alternativ kann der Anbieter eine Kombination aus Garantiedauer und Erreichen einer oder mehrerer Nutzungsobergrenzen festlegen, um das Ende des Leistungsversprechens zu definieren.

Regeneration betrifft die Frage, ob sich das Leistungsversprechen nach einem eingetretenen Garantiefall und erfolgter Kompensation erneuert (mit Regeneration) oder ob es bei dem ursprünglichen, beim Kauf abgegebenen Leistungsversprechen verbleibt (ohne Regeneration).

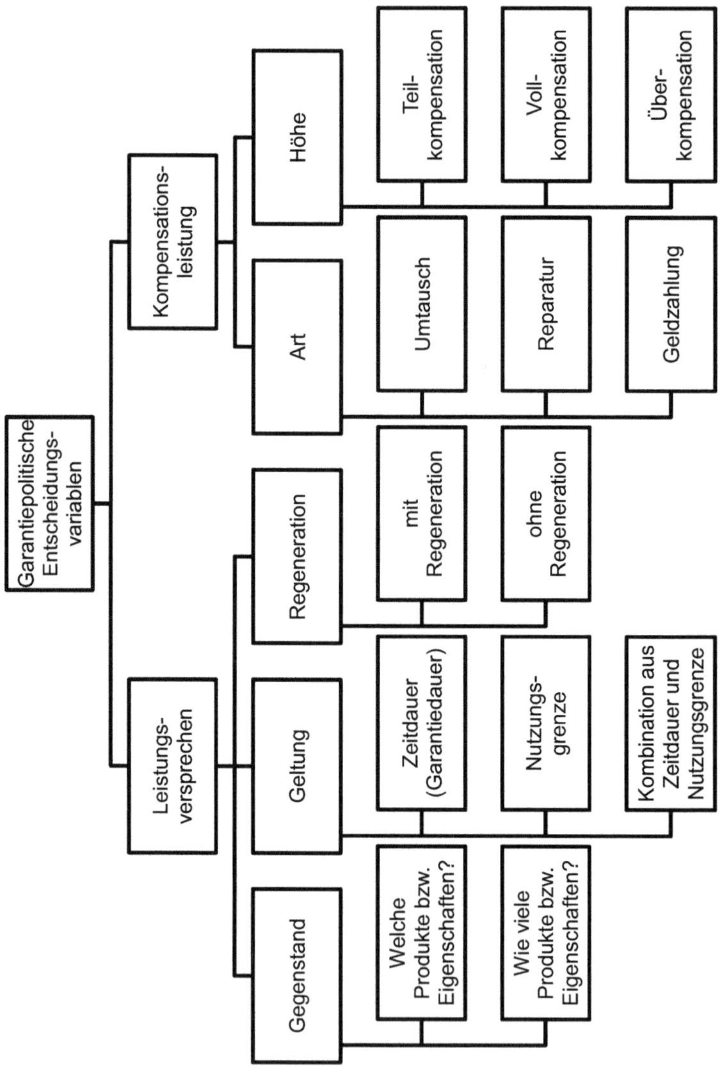

Abb. 3: Garantiepolitische Entscheidungsvariablen im Überblick

(Quelle: Grunwald 2008, S. 14.)

Die **Kompensationsleistung** lässt sich in ihrer Höhe (Kompensationshöhe) und in ihrer Beschaffenheit (Kompensationsart) variieren. Die **Kompensationsart** bezieht sich auf die materiellen Ausgleichsleistungen eines Anbieters, die im Wesentlichen in Form einer Geldzahlung, eines Produktumtauschs oder einer Reparatur des Produkts erfolgen können. Hinsichtlich der **Kompensationshöhe** hat ein Anbieter grundsätzlich die Möglichkeit, Kunden im Vergleich zu einer Situation, in der es kein Produktproblem gegeben hätte, entweder materiell wertmäßig gleich zu stellen (Vollkompensation), besser zu stellen (Überkompensation) oder schlechter zu stellen (Teilkompensation). Während also der Anbieter etwa im Rahmen einer Vollkompensation Kunden den vollen Ersatz etwaiger, mit dem Produktproblem in Zusammenhang stehender Kosten zusichert, verspricht er im Falle der Teilkompensation eine Entschädigung, die lediglich einen Bruchteil der mit dem Produktproblem zusammenhängenden Kosten deckt (z. B. eine monetäre Entschädigung oder die Möglichkeit, ein neues Produkt zu entsprechend verringertem Kaufpreis zu erwerben) und im Falle der Überkompensation einen deutlichen Mehrwert (z. B. eine Erstattungszahlung, die höher liegt als der Kaufpreis des Gutes).

Darüber hinaus kann die Einlösung der Kompensation bedingungslos erfolgen **(unbedingte Garantie)** oder aber von dem Vorliegen einer oder mehreren Bedingungen abhängig gemacht werden (**bedingte Garantie**). Bei der unbedingten Garantie ist der Eintritt der Kompensationsleistung an keinerlei Bedingungen geknüpft, wobei auch die Garantiedauer keine Beschränkung darstellt. Sie ist im Extremfall unendlich lang gewählt. Anders sieht dies aus im Falle der bedingten Garantie. Hier hängt die Inanspruchnahme der Kompensationsleistung ab von entweder lediglich einer Bedingung (z. B. muss die Garantiefrist gewahrt sein) oder aber von dem simultanen Vorliegen mehrerer Bedingungen (wie etwa der Wahrung der Garantiefrist und der Nichtüberschreitung einer bestimmten Kilometerleistung).

Nach der Art der **Garantiekommunikation** kann ferner zwischen expliziten und impliziten Garantien unterschieden werden. Bei der **expliziten Garantie** wird die Garantie ausdrücklicher Bestandteil der Kommunikation mit dem Kunden. Garantieaussagen werden beispielsweise zum Botschaftsinhalt der werblichen Produktkommunikation erhoben. **Implizite Garantien** werden dagegen nicht ausdrücklich oder offensiv gegenüber dem Kunden kommuniziert, beispielsweise um nicht zu hohe Erwartungen zu schüren oder um den Kunden gar nicht erst auf den Eintritt möglicher Qualitätsprobleme aufmerksam zu machen.

3 Wirkungsanalyse

3.1 Wirkungen in der Vorkaufphase

3.1.1 Qualitätsindikation

Die sich für Anbieter aus einer Garantie ableitenden Funktionen, auf die bereits im Rahmen der Besprechung der garantiepolitischen Ziele eingegangen wurde, leiten sich zu einem großen Teil aus den für Nachfrager positiv erfüllten Garantiefunktionen ab, die es im Folgenden zu analysieren gilt. Dabei wird zunächst auf die Situation in der Vorkaufphase eingegangen.

Die **Cue-Utilization-Theorie** beschäftigt sich mit den Prozessen der Aufnahme und Verarbeitung von Schlüsselmerkmalen bzw. Zeichen (engl. ‚cues') durch Individuen im Rahmen von Entscheidungsprozessen wie etwa Kaufentscheidungen. Schlüsselmerkmale sind Informationen, die für die Produktbeurteilung besonders wichtig sind und mehrere andere Informationen substituieren oder bündeln.[12] Unterschieden werden produktimmanente Schlüsselmerkmale (sog. intrinsic cues, z. B. Gestalt und Funktionalität des Produkts) und äußere Schlüsselmerkmale (sog. extrinsic cues). Zu den äuße-

---

12 Vgl. Slovic/Lichtenstein 1971; Olson 1978; Adler 1996; Richardson/Dick/Jain 1994; Stafford 1996; Helm/Mark 2007.

ren Zeichen zählen neben der Garantie mit ihren einzelnen Komponenten (etwa der Garantiedauer, Höhe und Art der Kompensationsleistung) unter anderem die Marke des Produkts bzw. Herstellers, die Reputation des Händlers, der das Produkt vertreibt sowie der Produktpreis und die Werbung des Anbieters.

Grundlegend für diesen Ansatz ist die Erkenntnis, dass die meisten wichtigen Urteile und Wahlentscheidungen von Individuen auf einer Vielzahl von Merkmalen, etwa Produkteigenschaften oder Erfahrungsberichten, basieren. Ein besonderer Forschungsschwerpunkt liegt auf der Frage, wie Individuen mehrere Schlüsselmerkmale zu einem Gesamturteil, etwa über einen Anbieter oder eine Marke, verdichten.[13] Sowohl die Erforschung der Wirkung einzelner isolierter Schlüsselmerkmale als auch die kombinierte Wirkung mehrerer simultan vorhandener Zeichen bilden Forschungsbereiche der Cue-Utilization-Theorie.[14]

Damit ein Zeichen von Konsumenten als Indikator für die Produktqualität herangezogen wird, müssen zwei Voraussetzungen erfüllt sein.[15] Zum einen

---

[13] Vgl. Lichtenstein/Earle/Slovic 1975; Slovic/MacPhillamy 1974.

[14] Vgl. Purohit/Srivastava 2001, S. 124.

[15] Vgl. Dean 2004, S. 193; Weinberger/Dillon 1980, S. 531; Herr/Kardes/Kim 1991, S. 454 ff.; Purohit/Srivastava 2001, S. 123 ff.; Slovic/Lichtenstein 1971; Helm/Mark 2007, S. 398.

muss es einen diagnostischen Wert bzw. Prognosewert (engl. predictive value) besitzen. Dies bedeutet, dass das Zeichen zuverlässig zur Differenzierung von Beurteilungsobjekten (etwa Produkten oder Anbietern) durch Zuweisung zu unterschiedlichen Beurteilungskategorien (etwa Qualitätsstufen) geeignet erscheint. Vorhersagen über die nach dem Kauf erfahrbare Produktqualität oder das Anbieterverhalten können so abgeleitet werden. Je diagnostischer ein Schlüsselmerkmal eingeschätzt wird, desto eher wird es zur Qualitätsbeurteilung herangezogen. Bei gegebenem hohen diagnostischen Wert eines Schlüsselmerkmals mögen Konsumenten dieses jedoch dann nicht als Qualitätsindikator heranziehen, wenn es einen geringen *Vertrauenswert* (engl. confidence value) aufweist. Ein Zeichen weist dann einen hohen Vertrauenswert auf, wenn es von Konsumenten als glaubwürdig und angemessen eingeschätzt wird, wobei es insbesondere auch auf die Beziehung zu anderen gegebenenfalls vorhandenen Schlüsselmerkmalen ankommt. Ein hoher Vertrauenswert bildet somit die zweite Voraussetzung für die Eignung eines Schlüsselmerkmals als Qualitätsindikator.

Abbildung 4 veranschaulicht die Wechselwirkung zwischen dem Prognosewert und dem Vertrauenswert auf die Funktion eines Schlüsselmerkmals als Qualitätsindikator.

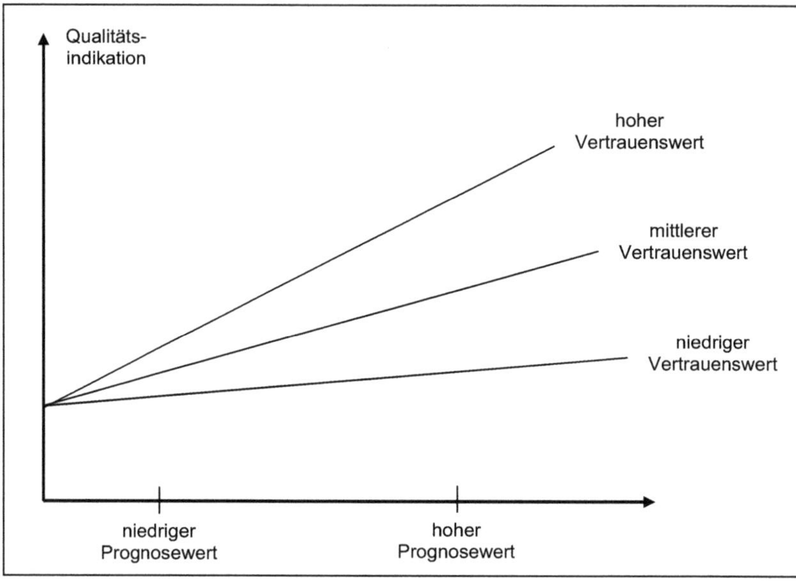

Abb. 4: Wechselwirkung zwischen Prognosewert und Vertrauenswert auf die Eignung eines Schlüsselmerkmals als Qualitätsindikator (Quelle: Helm/Mark 2007, S. 399.)

Nach der Cue-Utilization-Theorie ziehen Konsumenten verstärkt Garantien zur Beurteilung von Produkten heran, deren Qualitätseigenschaften sie vor dem Kauf gar nicht oder nur unzureichend beurteilen können.[16] Die Bedeutung der Garantie als Qualitätsindikator wächst, sofern aussagekräftige produktimmanente Schlüsselmerkmale oder auch andere zusätzliche äußere Zeichen fehlen und sowohl der Prognose- als auch der Vertrauenswert der Garantie als hoch eingeschätzt werden. Mit Innis/Unnava (1991) kann insofern von

[16] Vgl. Olson/Jacoby 1972; Purohit/Srivastava 2001; Helm/Mark 2007; Chang 2006; v. Raaij 1991, S. 405 f.; Price/Dawar 2002.

einem positiven Zusammenhang zwischen der angebotenen Garantie und ihrer Wahrnehmung durch Konsumenten ausgegangen werden.[17] Unter den gegebenen Voraussetzungen erhöht das Garantiesignal die Aufmerksamkeit der Konsumenten und steigert deren **Qualitätserwartungen**, indem es als ein Signal für den Problemlösungswillen des Anbieters interpretiert wird.[18]

Erwartungen repräsentieren einen Standard, anhand dessen Kunden ihnen gewährte Leistungen beurteilen, wobei sich dieser Standard sowohl auf die erwünschte Leistung als auch die mögliche Leistung beziehen mag.[19] Der Konsument kann sich aufgrund vorhandener Erfahrungsqualitäten des zur Disposition stehenden Produktes vor dem Kauf kein abschließendes Urteil über die Produktqualität machen, gleichwohl wird er Erwartungen über die Produktqualität bilden. Die durch Garantien gesteigerten Qualitätserwartungen mögen sich wiederum beschleunigend auf den Kaufentscheidungsprozess des Konsumenten auswirken, der mit dem Kauf abgeschlossen wird. Die Garantie büßt jedoch unter Umständen ihre Funktion als Qualitätsindikator ein, wenn sie zu anderen Qualitätssignalen (etwa der Reputation des Anbieters, dem Produktpreis) in einer inkonsistenten Beziehung steht.[20]

---

[17] Vgl. Innis/Unnava 1991, S. 318.
[18] Vgl. Shimp/Bearden 1982, S. 39.
[19] Vgl. Bruhn 2000, S. 1033; Oliver/Winer, 1987, S. 469 ff.
[20] Vgl. zur Problematik der Glaubwürdigkeit von Qualitätssignalen Büschken 1999, S. 15. Zur simultanen Wirkung von Qualitätssignalen, insbesondere Reputations- und Garantiesignalen, vgl. die Studien von Purohit/Srivastava 2001; Price/Dawar 2002;

3.1.2 Risikoreduktion

Produktrisiken stehen allgemein für die von Eigenschaften eines Produktes ausgehende Möglichkeit unbeabsichtigter Einbußen bzw. Beeinträchtigungen an Sachen, an Vermögen oder an der Person bei Benutzern oder Dritten.[21] Der Umfang, indem Konsumenten beim Kauf Produktrisiken wahrnehmen, hängt neben Produkteigenschaften (etwa der Produktart, dem Umfang an Erfahrungseigenschaften, die erst nach dem Kauf inspiziert werden können, dem Produktpreis etc.) und Anbietereigenschaften (z. B. der Marke) unter anderem ab von der intendierten Produktnutzung, dem Produktwissen sowie dem Involvement der Konsumenten als der inneren Beteiligung („Ich-Beteiligung"), mit der sie sich einem Kaufobjekt bzw. einer Information zuwenden.[22]

Garantien tragen nach dem Ansatz der **Risikoreduktionstheorie** zum Abbau der von Konsumenten wahrgenommenen Produktrisiken bei, da sie Konsumenten für etwaige nach dem Kauf eintretende Verluste entschädigen.[23] Die Garantie fungiert somit als eine vom Anbieter zugunsten des Nachfragers abgeschlossene Versicherung, die diesen nach dem Kauf im Falle der Schlecht-

Innis/Unnava 1991; Gerhard 1995, S. 163 ff.; von Ungern-Sternberg 1984. Siehe auch Al-Najjar 1995, S. 605 ff.; Balachander 2001, S. 1282 ff.

21 Vgl. Standop 1993, S. 947; Klinger 1998, S. 1 ff.; Hempelmann 1993, S. 1 ff. Gemeint sind im Folgenden ausschließlich negative Produktrisiken im Sinne von Gefahren.

22 Vgl. Dowling/Staelin 1994, S. 120 f.

23 Vgl. Shimp/Bearden 1982 und Kelley/Conant 1991.

leistung gegen Einbußen schützen soll. Etwaige vor dem Kauf wahrgenommene Risiken, die Kaufhemmnisse darstellen, mögen so durch das anbieterseitige Versprechen einer Reparatur, eines Ersatzes oder einer Kaufpreisrückerstattung im Falle der Schlechtleistung abgemildert bzw. von vornherein vermieden werden können.[24] Indirekt mögen sich über die Reduzierung der wahrgenommenen Produktrisiken wiederum die Qualitätserwartungen erhöhen. Doch auch der umgekehrte Beeinflussungsweg erscheint plausibel. Aus der Eigenschaft der Qualitätsindikation von Garantien erwachsene gesteigerte Qualitätserwartungen mögen die Unsicherheit in Bezug auf das getroffene Qualitätsurteil vor dem Kauf reduzieren.[25] In der Folge steigt die Kaufneigung. Empirische Untersuchungen von Shimp/Bearden (1982) belegen für den Konsumgüterbereich, dass die äußeren Schlüsselmerkmale Preis, Reputation und Garantie das von Konsumenten wahrgenommene Produktrisiko reduzieren, die Einstellung zu innovativen Produktkonzepten verbessern und dadurch die Produktadoption erleichtern.[26] Die Bedeutung dieser Schlüsselmerkmale für das Kaufverhalten nimmt mit zunehmender Komplexität und Unbekanntheit der Produkte zu, da diese Faktoren eine objektive Beurteilung des Risikos durch den Kunden erschweren.

---

[24] Vgl. Emons 1989, S. 45 f.

[25] Vgl. Gerhard 1995, S. 152; Bearden/Shimp 1982, S. 230.

[26] Vgl. Shimp/Bearden 1982.

Grundannahme vieler Untersuchungen über den Kauf von Versicherungen ist die Motivation des Konsumenten, sich selbst vor möglichen Risiken zu schützen.[27] Dabei kann diese Angst des Konsumenten nach der **Theorie der Schutzmotivation** (**Protection Motivation Theory**) in verschiedene Komponenten zerlegt werden:

- *erstens* in die negativen Konsequenzen des Produktversagens (etwa die Schadenshöhe),
- *zweitens* in die Wahrscheinlichkeit des Eintritts eines Produktversagens und
- *drittens* in den empfundenen Nutzen der Garantie, den drohenden Schaden auszugleichen.

Die erste und zweite Komponente lassen sich auch als Bestandteile des (wahrgenommenen) Produktrisikos auffassen. Ein Konsument misst der Garantie dann eine hohe Bedeutung bei, wenn er die Wahrscheinlichkeit eines Produktversagens als hoch einschätzt.[28] Diese Wahrscheinlichkeit ist dabei eher eine Determinante im Kaufentscheidungsprozess von Garantien bzw. mit Garantien gebündelten Produkten als es das Ausmaß des möglichen Schadens ist.[29]

---

[27] Vgl. Voss/Ahmed 1992, S. 880.
[28] Vgl. Voss/Ahmed 1992, S. 880.
[29] Vgl. Voss/Ahmed 1992, S. 880.

Rogers (1983) unterscheidet in seinem Modell zwischen zwei weitgehend parallel ablaufenden psychischen Prozessen, die das Vorsorgeverhalten von Konsumenten, etwa die Nachfrage nach zusätzlichen Garantien, beeinflussen:

(1) Der Prozess der **Bewertung einer Gefährdung** (‚threat appraisal') hängt unter anderem ab von der wahrgenommenen Schwere der Gefährdung bzw. Bedrohung (z. B. durch ein Produktproblem), der wahrgenommenen persönlichen Gefährdung (Vulnerabilität) des Konsumenten, seinem Angstniveau, früheren Erfahrungen, dem Informationsstand und Persönlichkeitsvariablen.

(2) Der Prozess der **Bewertung der Bewältigungsmöglichkeiten** (‚coping appraisal') wird unter anderem beeinflusst von den wahrgenommenen Vorsorgebarrieren (etwa vom Konsumenten wahrgenommene zu tragende erwartete Kosten einer Garantie, finanzielle Restriktionen), der Kompetenzerwartung hinsichtlich der Durchführung der die Gefährdung abwendenden Maßnahme (z. B. Garantieabwicklung) sowie Umweltfaktoren (etwa Normen, Aufklärung des Konsumenten).[30]

Abbildung 5 fasst die aus der Qualitätsindikations- und der Risikoreduktionsfunktion von Garantien resultierenden Wirkungen auf die betrachteten zentra-

[30] Vgl. Rogers 1983, S. 153 ff.

len Variablen des Konsumentenverhaltens in der Vorkaufphase in Form von Hypothesen zusammen. Ein (+) steht hierbei für einen positiven Zusammenhang (je höher, desto höher bzw. je niedriger, desto niedriger), ein (-) indiziert entsprechend einen negativen Einfluss (je höher, desto niedriger bzw. je niedriger, desto höher).

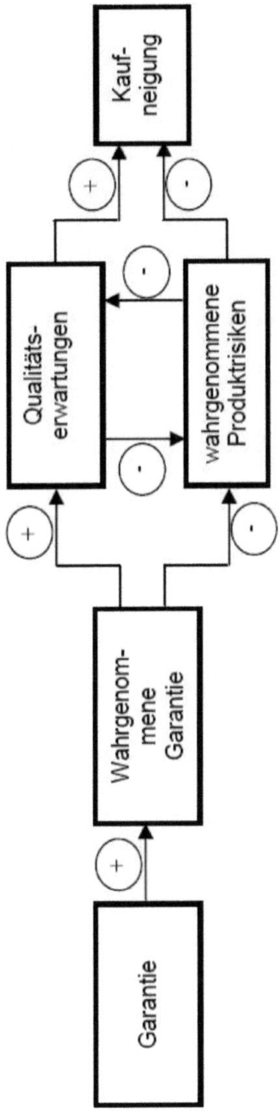

Abb. 5: Hypothesen zur Funktionsweise von Garantien in der Vorkaufphase

(Quelle: Vgl. Standop/Grunwald 2008, S. 10.)

3.2 Wirkungen in der Nachkaufphase

3.2.1 Zufriedenheitssicherung

Im Falle eines Produktversagens nach dem Kauf sind Konsumenten nicht selten unzufrieden mit dem gekauften Produkt bzw. Produzenten und/oder Händler. **Zufriedenheit** ist ein nicht beobachtbares, hypothetisches Konstrukt, von dem verschiedene Individuen in der Regel eine mehr oder weniger präzise und unterschiedliche Vorstellung haben. In der Literatur hat sich das so genannte **Confirmation/Disconfirmation-Paradigma** als herrschende Meinung etabliert. Danach wird Zufriedenheit aus einem Abgleichsprozess zwischen den individuellen Erwartungen an die Leistung und der Wahrnehmung der erhaltenen Leistung erklärt. Das Zufriedenheitsurteil entsteht demnach aus drei Komponenten:

(1) der Soll-Komponente (Erwartungen),

(2) der Ist-Komponente (tatsächlich wahrgenommene Leistung) und

(3) dem Soll-Ist-Vergleich.

Je nachdem, ob die Soll-Komponente im Rahmen des Abgleichsprozesses kleiner oder größer als die erhaltene Leistung wahrgenommen wird, ist der Kunde zufrieden bzw. unzufrieden. Garantien mögen dabei sowohl auf die

Erwartungsbildung der Konsumenten als auch auf die Wahrnehmung der Ist-Leistung einwirken. Ihr grundsätzlich positiver Einfluss auf den Prozess der Erwartungsbildung wurde bereits im Zusammenhang mit der Cue-Utilization-Theorie oben erläutert.

Während der Konsument Erwartungen bereits vor dem Kauf bildet, setzt die **Wahrnehmung der Leistung** normalerweise erst nach dem Kauf (also bei vorhandener Nutzungsmöglichkeit) ein und zwar in verstärkter Weise nach Beginn der Nutzung des Produkts, also mit zunehmendem Zeitablauf seit dem Kaufzeitpunkt. Der Prozess der Erwartungsbildung zu dem gekauften Produkt wird mehr und mehr durch den Prozess der Qualitätswahrnehmung (Ist-Komponente) abgelöst. Hinsichtlich der Wirkung von Garantien auf die Qualitätswahrnehmung ist der aus der psychologischen Entscheidungstheorie bekannte und empirisch gut belegte **Bestätigungseffekt (Confirmation-Bias)**[31] bedeutsam.

Dieser Effekt besagt, dass Personen dazu neigen, im Rahmen von Beurteilungsprozessen aus der Fülle der ihnen zur Verfügung stehenden Informationen gerade jene auszuwählen, die bereits vorhandene Meinungen bzw. Erwar-

[31] Als synonyme Bezeichungen für diesen Effekt sind auch *Expectations-Evidence-Framework, motivated reasoning* und *belief perseverance* gebräuchlich. Vgl. Dean 2004, S. 197; Taylor 1982, S. 190 ff.

tungen stützen. Eigenen Ansichten bzw. Erwartungen widersprechende Informationen, die nicht „ins Bild passen" werden tendenziell ignoriert oder sogar fehlinterpretiert.[32] Als theoretischer Bezugspunkt für eine solche selektive Informationsaufnahme und -verarbeitung lässt sich die **Theorie der kognitiven Dissonanz** nach Festinger heranziehen.[33] Hiernach erzeugen miteinander unvereinbare Kognitionen (Gedanken, Meinungen, Einstellungen, Wünsche oder Absichten) einen inneren Konflikt (kognitive Dissonanz), der Individuen dazu motiviert, diesen zu beseitigen, um zu einem kognitiven Gleichgewicht zurückzukehren bzw. ein solches zu bewahren.[34] Reaktionen der Konsumenten nach Art des Bestätigungseffektes auf negative Konsumerfahrungen erscheinen somit plausibel als sie ein Mittel darstellen, bereits bestehende kognitive Dissonanzen abzubauen bzw. erwartete kognitive Konflikte zu vermeiden.

Der Konsument schwächt die Bedeutung der Schlechtleistung ab bzw. interpretiert sie im Sinne seiner bereits durch die wahrgenommene Garantie aufgebauten hohen Erwartungen an den Anbieter in einer positiveren Weise. Werden jedoch die Erwartungen des Konsumenten an die Produktleistung durch die Garantie auf ein extremes Maß gesteigert, was insbesondere bei der

[32] Vgl. Dawar/Pillutla 2000, S. 217.
[33] Vgl. Festinger 1957.
[34] Vgl. Kroeber-Riel/Weinberg 1996, S. 184 f.

Gewährung von weit überdurchschnittlichen Garantiezusagen oder einer überzogenen Produktwerbung mit expliziten Garantien der Fall sein dürfte, so mögen bei gegebener wahrgenommener Ist-Leistung durchaus auch sinkende Zufriedenheitswerte infolge der Nichtbestätigung der Erwartungen resultieren.

Eine alternative Erklärung für die Sicherung der Konsumentenzufriedenheit durch Garantien nach eingetretenen Produktversagensfällen liefert die **Equity-Theorie**. Zentrale Annahme ist hier der Vergleich des Konsumenten von sowohl seines eigenen Einsatzes (Inputs) mit dem aus einer Austauschbeziehung (etwa einer Geschäftsbeziehung) resultierenden Ergebnis (Output) als auch seiner eigenen In- und Outputs mit denen des Anbieters und anderer Konsumenten als Referenzpersonen. Aus diesem Vergleich zieht der Konsument Schlüsse über die Gerechtigkeit einer Austauschsituation. **Gerechtigkeit** (**equity**) wird aus Sicht des Urteilenden empfunden, wenn sein eigenes Output-Input-Verhältnis mit dem (denen) der Referenzperson(en) (Anbieter und/oder andere Kunden) übereinstimmt[35] respektive in einem gewissen, nicht zu großen Rahmen zugunsten des Urteilenden ausfällt.[36] Weicht das wahrgenommene Output-Input-Verhältnis des Urteilenden nach unten, d. h. zu seinen Ungunsten, ab, so resultiert **negative Ungerechtigkeit** (**negative inequity**).

[35] Vgl. Homans 1968, S. 30; Adams 1965, S. 267 ff.
[36] Vgl. Fisk/Young 1985, S. 341.

Im Falle eines deutlich nach oben über einen gewissen Toleranzrahmen hinausragenden Output-Input-Verhältnisses des Urteilenden zu seinen Gunsten relativ zu demjenigen (denjenigen) der Referenzperson(en) entsteht umgekehrt **positive Ungerechtigkeit** (**positive inequity**).[37] Sowohl Input wie auch Output mögen jeweils aus materiellen (monetären) wie nicht-materiellen (psychischen) Komponenten bestehen.

Als **Inputs** in die Austauschbeziehung fließen dabei etwa neben dem gezahlten Kaufpreis auch Größen wie Wartezeiten, Anfahrtskosten oder mit der Informationssuche verbundener Aufwand in die Betrachtung mit ein. Auch der entgangene Nutzen im Falle eines Produktversagens lässt sich als (nachträglicher) Input in die Austauschbeziehung interpretieren. Der **Output** des Konsumenten besteht aus der erhaltenen Produktleistung und einer gegebenenfalls nachträglich im Produktversagensfall im Rahmen der Reklamationsabwicklung gewährten Kompensationsleistung des Anbieters. Empfundene Gerechtigkeit (Ungerechtigkeit) wird wiederum als Determinante für Zufriedenheit (Unzufriedenheit) angesehen.[38]

---

37 Vgl. Garrett 1999, S. 26 ff.; Ho/Lim/Camerer 2006, S. 313.
38 Vgl. Smith/Bolton/Wagner 1999; Homburg/Rudolph 1997, S. 36 f.

Neueren Ansätzen der Equity-Theorie zufolge wird **Gerechtigkeit als mehrdimensionales Konstrukt** aufgefasst, das eine distributive, prozedurale und interaktionale Gerechtigkeitsdimension beinhaltet.[39]

- **Distributive Gerechtigkeit** (Verteilungsgerechtigkeit) ist dabei auf das Ergebnis des Austauschprozesses bezogen.
- **Prozedurale Gerechtigkeit** (Verfahrensgerechtigkeit) bezieht sich auf die angewandten Verteilungsregeln („policies, procedures, criteria“[40]), durch die ein Verteilungsergebnis herbeigeführt wird.
- **Interaktionale Gerechtigkeit** stellt auf die Behandlung des Austauschpartners während der Anwendung der Verteilungsregeln (etwa durch Mitarbeiter des Anbieters) im Einzelfall ab.

Garantien vermögen dem Ansatz der Equity-Theorie zufolge auf unterschiedliche Weise die wahrgenommene Gerechtigkeit von Konsumenten, sowohl in Bezug auf einzelne Gerechtigkeitsdimensionen als auch insgesamt, zu beeinflussen. Der im Produktversagensfall bestehende Kompensationsanspruch mag von Konsumenten als ein nachträglich, nach dem Kauf, aus der Austauschbeziehung resultierender Output wahrgenommen werden, der – bei gegebenem Input – das von Konsumenten wahrgenommene Output-Input-

---

[39] Vgl. Blodgett/Hill/Tax 1997; Blodgett/Tax 1993; Tax/Brown/Chandrashekara 1998; Smith/Bolton/Wagner 1999.

[40] Vgl. Blodgett/Hill/Tax 1997, S. 189.

Verhältnis und somit die wahrgenommene Gerechtigkeit erhöht. In der Konsequenz mögen Garantien dadurch auch die Kundenzufriedenheit nach einer schlechten Konsumerfahrung wieder herstellen bzw. sichern können. Umfassende Garantien (Vollerstattungsgarantien), die Konsumenten für all ihre Kosten und Mühen im Falle des Produktversagens entschädigen (z. B. für die Anschaffung eines Ersatzprodukts, Suchkosten, Reklamationskosten oder sogar Wechselkosten), mögen die Gerechtigkeitswahrnehmung und damit auch die Kundenzufriedenheit nach eingetretenen Produktproblemen steigern.[41]

Zudem werden Konsumenten Garantien positiv bewerten, die ein Versprechen beinhalten, dass alle Konsumenten vom Anbieter gleich behandelt werden. Auch von einer zügigen und reibungslosen Abwicklung eines Garantiefalles mögen Konsumenten Gerechtigkeit empfinden. Hinweise auf die Garantieabwicklung mögen dabei bereits in den Garantiebedingungen enthalten sein und in der Vorkaufphase kommuniziert werden. Über die Ausgestaltung der Garantiebedingungen lässt sich die Wahrnehmung von prozeduraler Gerechtigkeit steigern, indem möglichst transparent und einfach verständlich die vom Konsumenten zu durchlaufenden Schritte aufgezeigt werden, die zu seiner Entschädigung im Garantiefall führen.

[41] Vgl. Kashyap 2001, S. 8 ff.

3.2.2 Verantwortlichkeitsklärung

Attributionstheoretischen Ansätzen zufolge werden Konsumenten als rationale Verarbeiter von Informationen betrachtet, deren Handeln durch kausale Schlüsse beeinflusst wird. Sie sind bestrebt, nach Gründen für den Erfolg (z. B. eine zufrieden stellende Produktleistung) oder Misserfolg (z. B. ein wahrgenommenes Produktproblem) eines Konsumprozesses zu suchen und nehmen eine Zuschreibung (Attribution) dieser Erfolge oder Misserfolge üblicherweise gemäß eines dreidimensionalen Schemas vor:[42]

- Die *erste Dimension* beschreibt mit der **Lokation** den von Konsumenten attribuierten Ort der Ursache(n) für einen Erfolg oder Misserfolg: Werden also beispielsweise die Gründe für ein Produktproblem (eher) extern dem Anbieter (Produzenten, Händler/Verkäufer) respektive der Situation bzw. äußeren Umständen oder (eher) intern dem Konsumenten selbst zugeschrieben?
- Die *zweite Dimension* der **Stabilität** bezieht sich auf die zeitliche Konstanz der Ursache(n) für einen Erfolg oder Misserfolg: Ist der vermeintliche Grund für ein Produktproblem (eher) stabiler (permanenter) Natur,

[42] Vgl. Weiner 1985, S. 551 f.; Kelley 1972, S. 2 ff.; Erevelles/Leavitt 1992, S. 109; Folkes 1988, S. 548 ff.; Niemeyer 1993, S. 17 ff.; Niemeyer/Stegmüller 1991; Weiner 2000.

d. h. kann es infolge einer dauerhaft gegebenen und unveränderlichen Problemursache zukünftig erneut zu ähnlichen Problemlagen kommen oder nicht stabiler Art, so dass ein Auftreten ähnlicher Probleme in der Zukunft eher unwahrscheinlich ist?

- Die *dritte Dimension* stellt mit der **Kontrollierbarkeit** auf den Grad der vermuteten Beeinflussbarkeit (durch Konsumenten und/oder Anbieter) der Ursache(n) ab, die für einen Erfolg oder Misserfolg verantwortlich gemacht wird (werden): Kontrollierbare Ursachen liegen im Einfluss- bzw. Kontrollbereich des Anbieters und/oder des Kunden; ein vermeintliches Produktproblem hätte also durch eine entsprechende Einflussnahme auf die Problemursache vermieden werden können. Nicht kontrollierbare Ursachen entziehen sich dagegen einer anbieter- bzw. kundenseitigen Einflussnahme.

Garantien mögen die Bildung von Attributionen beim Konsumenten unterstützen: *Erstens* lenken sie die Aufmerksamkeit des Konsumenten in einem Produktversagensfall darauf, dass der Produzent und nicht etwa andere Ursachen für die zugesicherten Produkteigenschaften verantwortlich sind. Sie definieren aus Konsumentensicht somit den Ort der Ursache für einen Produkterfolg oder -misserfolg.[43] Insbesondere spezifische Garantien, die für be-

[43] Vgl. Oliver/DeSarbo 1988, S. 418 ff.; Kumar/Kalwani/Dada 1997, S. 295 ff.

stimmte Produkteigenschaften ausgesprochen werden, mögen die Wahrnehmung des Konsumenten im Produktversagensfall eben auf diese besonders zugesicherten Eigenschaften richten.[44] *Zweitens* mögen Garantien in der Konsumentenwahrnehmung die Kontrolle des Anbieters über dessen Produktionsprozess und die Produktqualität erhöhen. Garantien mögen dem Konsumenten suggerieren, dass der Anbieter im Vergleich zum Konsumenten die größere Kontrolle über die Produktqualität hat, d. h. etwa auch über ein mögliches Produktversagen. Konsumenten werden Anbietern die Verantwortung für ein Produktproblem wahrscheinlich nicht zuweisen, sofern die Ursachen hierfür nicht vom Anbieter kontrolliert werden konnten. *Drittens* mögen Garantien Konsumenten vermitteln, dass die Ursache für ein tadelloses Funktionieren des Produkts stabil ist, wogegen die Ursache für ein Produktproblem nicht stabil ist. Sofern Konsumenten glauben, dass ein Produktfehler mit geringerer Wahrscheinlichkeit in der Zukunft erneut auftreten wird (d. h. die Ursache für das Produktversagen nicht stabiler Natur ist), werden sie eher zufrieden sein und das Produkt erneut kaufen.

Abbildung 6 fasst die sich in der Nachkaufphase aus den Funktionen der Zufriedenheitssicherung und Verantwortlichkeitsklärung ergebenden zentralen Wirkungen auf die betrachteten Variablen zusammen.

[44] Vgl. Kashyap 2001, S. 10 ff.; Gerhard 1995, S. 150.

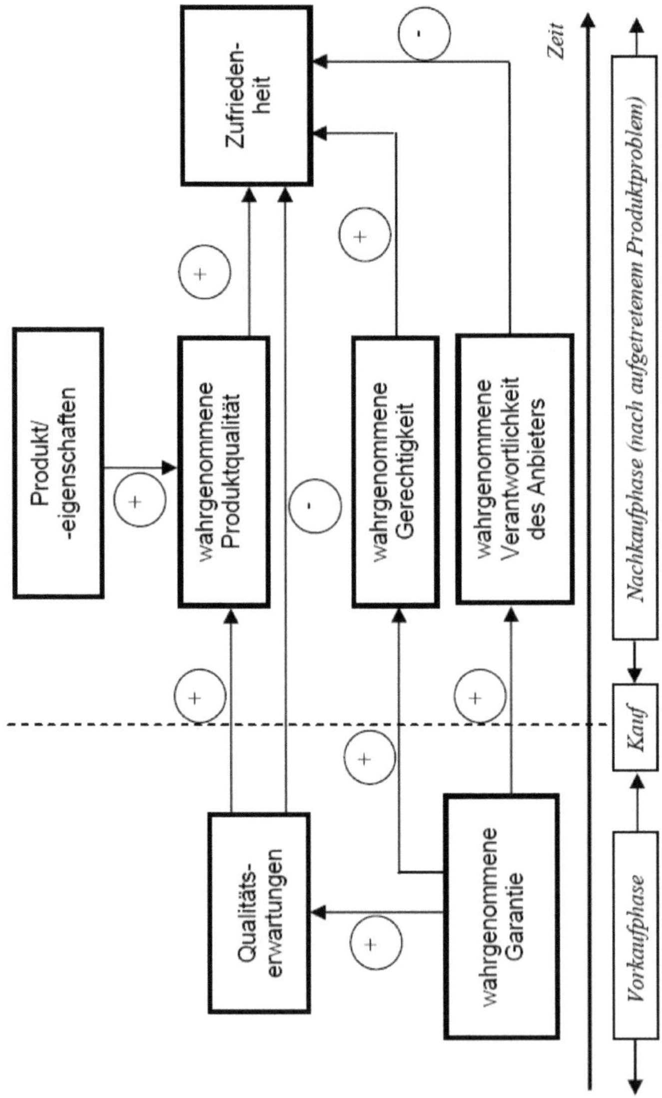

Abb. 6: Hypothesen zur Funktionsweise von Garantien in der Vor- und Nachkaufphase

(Quelle: Standop/Grunwald 2008, S. 16.)

3.2.3 Beschwerdestimulierung

Aus den oben erläuterten Funktionen, die Garantien für Konsumenten zu erfüllen vermögen, kann auf ihre grundsätzliche Relevanz bei der Wahrnehmung und Beurteilung von Produkten und Anbietern durch Konsumenten geschlossen werden. Garantien werden also im Grundsatz sowohl in der Vorkaufphase als auch in der Nachkaufphase von Konsumenten berücksichtigt. Die in den dargestellten verhaltenswissenschaftlichen Ansätzen fokussierten psychischen Variablen des Konsumentenverhaltens, insbesondere das Ausmaß der empfundenen Unzufriedenheit nach eingetretenen Produktproblemen und die darauf einwirkenden Größen (wie etwa die Qualitätserwartung und -wahrnehmung, die wahrgenommene Gerechtigkeit), sowie der von Konsumenten wahrgenommene Grad der Verantwortlichkeit des Anbieters für ein Produktversagen (Attributionen) stellen dabei bereits wichtige Determinanten für die Neigung (Bereitschaft oder Absicht) von Konsumenten dar, ein erfahrenes Produktproblem beim Anbieter zu beanstanden (**Beschwerdeneigung**).

Häufig wird jedoch ein von Konsumenten wahrgenommener und als wichtig beurteilter Garantieanspruch allein kaum ausreichen, um eine Beschwerde auszulösen. Nicht selten sind nämlich Fälle zu beobachten, in denen Konsumenten trotz wahrgenommener Produktmängel und dem Wissen über ihre

Sanktionsmöglichkeiten von einem ihnen zustehenden Rechtsanspruch keinen Gebrauch machen. Weitere Faktoren müssen offenbar hinzu treten, damit es überhaupt zu einer Kundenbeschwerde – bei welchem Anspruchsgegner auch immer – kommt.[45] Studien belegen, dass von weiteren konsumentenbezogenen Faktoren, aber auch von anbieter- und produktbezogenen Faktoren sowie situativen Gegebenheiten wichtige Einflüsse auf die Beschwerdeneigung von Konsumenten ausgehen.[46] Die hypothetischen Einflüsse der zentralen Faktoren sind in *Abbildung 7* zusammengefasst.

Aus dem Ansatz der Attributionstheorie folgt, dass Konsumenten eher geneigt sind, von einem Garantieanspruch Gebrauch zu machen, wenn die **Problemursache** anbieterseitig attribuiert, die Problemursache als stabil eingeschätzt und das Produktproblem als vom Hersteller bzw. Händler kontrollierbar angesehen wird.[47] Je eindeutiger das Problem und die **Verantwortlichkeit** des Anbieters für den Kunden sind, desto höher ist die Beschwerdeneigung.

[45] Vgl. Standop/Grunwald 2009, S. 115 ff.
[46] Vgl. Schröder 2005, S. 119 f.
[47] Vgl. Folkes 1984, S. 393 ff.

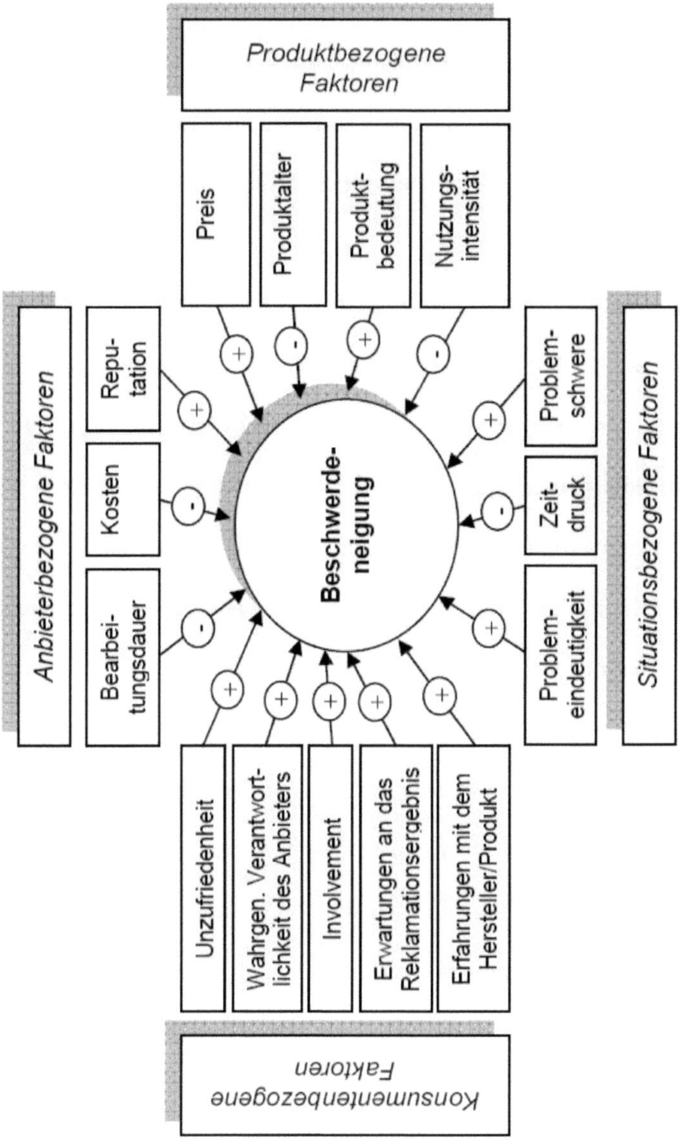

Abb. 7: Determinanten der Beschwerdeneigung im Überblick

(Quelle: Standop/Grunwald 2008, S. 17.)

Die Nicht-Zuweisung von Verantwortung für ein Produktversagen impliziert umgekehrt nicht zwingend eine größere Zufriedenheit, sondern lediglich, dass Konsumenten eher geneigt sind, eine Garantie in Anspruch zu nehmen, je größer die Kontrolle des Anbieters über dessen Handlungen eingeschätzt wird.[48]

Maute/Forrester (1993) weisen darauf hin, dass die Beschwerdeneigung positiv mit der wahrgenommenen **Schwere des Problems** korreliert.[49] Je höher die **Unzufriedenheit** mit dem Produkt ist, desto eher werden Konsumenten das mangelhafte Produkt beim Anbieter (Hersteller oder Händler) reklamieren.[50] Überschreitet die Unzufriedenheit eine gewisse Erträglichkeitsschwelle, so steigt zudem die Neigung, den Anbieter zu wechseln.

Je höher jedoch die Wechselbarrieren sind, desto geringer ist die Wahrscheinlichkeit, den Anbieter zu wechseln und desto höher ist die Beschwerdeneigung. Wechselbarrieren mögen sich insbesondere aus der subjektiven **Bedeutung bzw. Wertschätzung des Produkts** aus Konsumentensicht ergeben sowie aus fehlenden Ausweichmöglichkeiten auf andere Produkte. Je höher die subjektive Produktbedeutung bzw. je geringer die Substitutionsmöglichkeiten

[48] Vgl. Kashyap 2001, S. 11.
[49] Vgl. Maute/Forrester 1993, S. 219 ff.
[50] Vgl. Anderson 1998, S. 5 ff.

sind, desto höher ist die Beschwerdeneigung, da der Wert der Fortsetzung der Geschäftsbeziehung für den Konsumenten höher ist als deren Beendigung.

Hat der Konsument bereits in der Vergangenheit positive **Erfahrungen** mit Garantien des betreffenden oder anderer Anbieter gesammelt, so lässt sich auf der Grundlage von Lerntheorien eine vergleichsweise hohe Beschwerdeneigung auch bei zukünftigen Produktproblemen prognostizieren.[51] Häufige Käufe bzw. Beschwerden bei dem betreffenden Anbieter in der Vergangenheit erhöhen das Wissen um Gewährleistungsrechte und die mit der Einlösung der Garantie verbundenen Abläufe, senken die mit der Garantie verbundenen Informationskosten und erhöhen die Beschwerdeneigung.[52] Die Bereitschaft, negative Kundenempfehlungen über den Anbieter zu verbreiten oder den Anbieter zu wechseln, sinkt.

Nichtsdestotrotz ist sowohl für die Beschwerde beim Händler als auch beim Hersteller ein gewisses Maß an **Involvement** des Konsumenten als auslösende Kraft notwendig. Sowohl die schriftliche Artikulation von Beschwerdegründen gegenüber dem Hersteller als auch die zumeist persönliche Kommunikation über negative Produkterfahrungen mit dem Händler stellen gewisse

[51] Vgl. Jacoby/Jaccard 1981; Day 1984; Singh 1990; Hansen/Powers/Swan 1997, S. 12 ff.
[52] Vgl. Andreasen/Best 1977, S. 93 ff.

Hemmschwellen für den Konsumenten dar, die nur durch eine hinreichende Grundmotivation aufgebrochen werden können.

Aus dem Ansatz der Equity-Theorie leitet sich ab, dass die mit der Beschwerde verbundenen **Kosten** sowie die im Rahmen der Abwicklung der Beschwerde zu erübrigende **Zeit** für den Konsumenten als zu leistende Inputs und das **erwartete Beschwerdeergebnis** als zu empfangender Output der Austauschbeziehung mit dem Anbieter betrachtet werden können. Das wahrgenommene eigene Output-Input-Verhältnis im Vergleich zu demjenigen des Anbieters oder anderer Konsumenten mag durch ein erfahrenes Produktproblem ins Ungleichgewicht geraten sein. Die Beschwerde lässt sich als Mittel zur Reduktion der mit dem Ungleichgewicht einhergehenden erlebten Ungerechtigkeit des Konsumenten ansehen.[53] Je höher diese wahrgenommene Ungerechtigkeit ist, desto höher ist die Beschwerdeneigung. Aus der Equity-Theorie folgt, dass der Vorgang der Beschwerde für den Konsumenten möglichst einfach und kostenneutral gestaltet sein sollte, damit sich Konsumenten überhaupt die Mühe machen, ein erfahrenes Produktproblem beim Hersteller oder Händler zu reklamieren.[54]

---

[53] Vgl. Lapidus/Pinkerton 1995, S. 105 ff.; Blodgett/Grandbois/Walters 1993, S. 399 ff.
[54] Vgl. Tax/Brown 1998, S. 75 ff.; Deutsch 1985; Bies 1987; Oliver 1993; Oliver/Swan 1989.

Doch nicht nur das Output-Input-Verhältnis als relative Größe, auch die absoluten, in diese Relation einfließenden, Größen der erwarteten **Bearbeitungsdauer**, **Kosten der Beschwerde** sowie die erwartete Kompensationsleistung als **Beschwerdeergebnis** mögen das Beschwerdeverhalten von Konsumenten direkt beeinflussen. Erwartet der Konsument ein für ihn günstiges Beschwerdeergebnis, so wird er eher bereit sein, die mit der Beschwerde verbundenen Mühen auf sich zu nehmen als im umgekehrten Fall.

Sofern der Anbieter über eine hohe **Reputation** verfügt, werden Konsumenten annehmen können, dass er im Vergleich zu einem Anbieter niedriger Reputation viel zu verlieren hat, wenn er lediglich eine unterdurchschnittliche Garantieabwicklung bietet, die den Erwartungen der Kunden an einen solchen Anbieter nicht entsprechen. Die durch negative Kundenempfehlungen und/oder Kundenabwanderungen in einem solchen Fall drohenden Reputationsschäden wären beträchtlich. Die Aussicht auf eine überdurchschnittliche Garantieabwicklung durch Anbieter hoher Reputation steigert die Beschwerdeneigung von Konsumenten.

Auch die Produktmerkmale **Preis**, **Produktalter** und **Nutzungsintensität** beeinflussen das Beschwerdeverhalten von Konsumenten. Je höher der Produktpreis, je jünger das Produkt und je geringer die Nutzungsintensität ausfallen, desto höher ist die Beschwerdeneigung.[55] Neben den dargestellten Faktoren kommen auch **soziodemografischen Merkmalen** Einflüsse auf die Beschwerdeneigung zu. Nach Singh (1990) beschweren sich bevorzugt jüngere Personen mit höheren Einkommen und gehobenem Bildungsniveau.[56] Laforge (1989) zeigt, dass ältere Menschen sich seltener beschweren.[57]

Mit der Bereitschaft, nach einem erfahrenen Produktversagen überhaupt eine Beschwerde anzustrengen ist noch nichts darüber ausgesagt, ob Konsumenten bevorzugt den **direkten Beschwerdeweg** über den Hersteller oder aber den **indirekten Weg** über den Händler wählen werden. Eine hohe Beschwerdeneigung lässt sich insofern als notwendige, aber noch nicht hinreichende Bedingung für die Wahlentscheidung zwischen dem direkten und dem indirekten Weg ansehen.

Bei gegebener hoher Beschwerdeneigung hängt die Wahl des Beschwerdeweges insbesondere ab von der relativen Attraktivität der beiden Beschwerdealternativen. Die relative Attraktivität des direkten vs. indirekten Beschwerdeweges aus Konsumentensicht hängt unmittelbar mit den Funktionen zusammen, die der Händler (Verkäufer) bzw. Hersteller für den Konsumenten in der

---

[55] Vgl. Schröder 2005, S. 120.
[56] Vgl. Singh 1990, S. 57 ff.; siehe auch Bearden/Crockett/Teel 1980, S. 101 ff.
[57] Vgl. Laforge 1989, S. 359 ff.

Nachkaufphase zu erfüllen vermag. Aus der Lehre der Handelsfunktionen leitet sich ab, dass Händler den Kunden **Transaktionskosten** ersparen helfen. Die Einschaltung des Handels führt zur Reduzierung der insgesamt bestehenden Kontakte zwischen Herstellern und Konsumenten (**Baligh-Richartz-Effekt**).[58] Der Konsument kann regelmäßig verschiedene Produkte unterschiedlicher Hersteller bei nur einem Händler erwerben und auch reklamieren. Bei Wahl des direkten Beschwerdeweges müsste der Konsument im Garantiefall unterschiedliche Produkte bei jeweils unterschiedlichen Produzenten einschicken, was mit einem erhöhten Aufwand (etwa an Geld, Zeit, Mühe) verbunden wäre. Die Wahl des Beschwerdeweges hängt insofern von den erwarteten relativen Kosten einer Beschwerde beim Hersteller vs. Händler ab: Je mehr die erwarteten, vom Konsumenten zu tragenden Kosten der Beschwerde beim Hersteller (Händler) diejenigen des Händlers (Herstellers) übersteigen, desto eher wählen Konsumenten bei gegebener hoher Beschwerdeneigung den indirekten (direkten) Beschwerdeweg.

Außerdem übernimmt der Handel für Konsumenten vor Ort eine wichtige **Beratungsfunktion**. Der Handel informiert und berät Kunden über Produkteigenschaften, Anwendungsmöglichkeiten, Bedienung und Wartung der

---

[58] Vgl. Gümbel 1985, S. 111.

Produkte und hat damit die Möglichkeit, im Rahmen persönlicher Interaktionen mit den Kunden wirksam Vertrauen aufzubauen.

Im Unterschied dazu tritt ein Hersteller in der Regel lediglich, wenn überhaupt, im Rahmen unpersönlicher Kommunikation mit Käufern in Kontakt. Häufig fehlen auch direkte persönliche Ansprechpartner. Der aus der Beratungsleistung des Händlers erwachsene Vertrauens- und Kompetenzvorschuss des Händlers mag dazu führen, dass Kunden bei Unzufriedenheit zuerst den Händler aufsuchen werden. Dieses Vertrauen leitet sich dabei unter anderem ab von den bereits in der Vergangenheit gemachten *Beschwerdeerfahrungen* des Konsumenten mit dem Händler bzw. Hersteller. Beschwerdeerfahrungen und das in persönlichen Interaktionen verfestigte Vertrauen wiederum beeinflussen die Erwartungen der Konsumenten an das aus einer Kompensationsleistung bestehende *Beschwerdeergebnis*.

Im persönlichen Gespräch lassen sich zudem etwaige Beschwerdegründe häufig leichter eruieren und verhandeln, da der Kunde unmittelbare Gelegenheit zum Feedback erhält. Der Konsument kann im Gespräch mit dem Händler selbst einen vergleichsweise größeren Einfluss auf das Beschwerdeergebnis nehmen als bei unpersönlicher Kommunikation mit dem Produzenten.

Dadurch verbessern sich die Aussichten auf ein aus Konsumentensicht günstiges Beschwerdeergebnis.

Hieraus leitet sich folgende Hypothese ab: Die Wahl des Beschwerdeweges hängt von den wahrgenommenen Möglichkeiten der persönlichen Kommunikation mit dem Hersteller bzw. Händler ab: Je einfacher die persönliche Kommunikation über Beschwerden mit dem Händler (Hersteller) im Vergleich zum Hersteller (Händler) eingeschätzt wird, desto eher wählen Konsumenten bei gegebener hoher Beschwerdeneigung den indirekten (direkten) Beschwerdeweg.

Erwarten jedoch Konsumenten, dass die Zukunft des Händlers (Herstellers) im Vergleich zu derjenigen des Herstellers (Händlers) ungewiss ist, so dass ein bestehender Garantieanspruch von dem jeweiligen Anspruchsgegner absehbar nicht erfüllt werden kann, werden Konsumenten sich verstärkt beim Hersteller (Händler) beschweren. Diese Erwartungen mögen sich dabei zu einem wesentlichen Teil ableiten aus der bereits aufgebauten Reputation des Herstellers bzw. Händlers sowie aus deren jeweiliger Größe, finanzwirtschaftlicher Lage und Wettbewerbssituation.

3.3 Wirkungsbedingungen

Sowohl die Auswahl geeigneter garantiepolitischer Ziele als auch die Festlegung der garantiepolitischen Entscheidungsvariablen, wie etwa der Garantiedauer, hängen ab von weiteren Einflussfaktoren. Diese lassen sich näher als Wirkungsbedingungen charakterisieren, die kurzfristig vom Entscheider nicht beeinflussbare Größen darstellen und die die Wirkung und damit die Zielerreichung einer gegebenen Garantiezusage abschwächen oder begünstigen können. Zum Teil wurden solche Wirkungsbedingungen bereits oben als Determinanten der Beschwerdeneigung diskutiert. An dieser Stelle sollen potentiell bedeutsame anbieter- und nachfragerbezogene Einflussfaktoren erläutert werden, die bei der Festlegung der Garantiepolitik vom Anbieter zu berücksichtigen sind.

Einen wesentlichen **anbieterbezogenen Einflussfaktor** auf die Wirkung der Garantie bildet die **Herstellerreputation**. Darunter lässt sich das Vertrauen der Konsumenten im Sinne von Erwartungen an die Produkt- und Anbieterqualitäten verstehen, also etwa auch in die Garantiefallabwicklung durch den Anbieter. So berichten Shimp/Bearden (1982) von Fällen, in denen Garantien sogar Skepsis und Misstrauen bei Nachfragern auslösen können, wenn das Garantieversprechen zu deutlich über dem Marktstandard liegt und es sich um

Anbieter mit schlechter oder fehlender Reputation handelt. Dies bedeutet, dass umfangreiche Garantien für Anbieter mit niedriger Reputation, die ihre Qualitätsprobleme beseitigt haben, nicht unbedingt geeignet sind, vom Nachfrager glaubwürdig als Anbieter besserer Qualitäten wahrgenommen zu werden. Ein im Verhältnis zur Reputation zu hohes Garantieversprechen wirkt inkonsistent und kann sogar Misstrauen beim Nachfrager erzeugen.

Boulding/Kirmani (1993) zeigen, dass Garantien nur dann glaubwürdige Signale darstellen, wenn Umfang und Dauer des Garantieversprechens konsistent zur Glaubwürdigkeit der Anbieterreputation sind. Für Anbieter hoher Qualität und hoher Reputation bieten sich höherwertige Garantien als Qualitätssignale an, um sich glaubwürdig, konsistent und eindeutig von Trittbrettfahrern abzusetzen. Für Anbieter niedriger Qualität empfiehlt es sich, konsistent zu ihrem Qualitätsversprechen, geringere Garantieversprechen abzugeben.

Hohe Garantieversprechen entfalten sogar bei Anbietern mit hoher Reputation Glaubwürdigkeitsprobleme, wenn deren Zukunft gefährdet ist oder sie sich auf Märkten mit ungewisser Zukunft bewegen. Auf solchen Märkten stellen umfangreiche Garantien keine glaubwürdigen Qualitätssignale dar, denn aufgrund der ungewissen Zukunft ist unsicher, ob die Anbieter in Zukunft noch existieren und ihre Garantieversprechen einhalten werden. Im bereits angesprochenen Sinn „zu gut, um wahr zu sein“ misstrauen Nachfrager höheren Garantien stärker als marktüblichen Garantien. Unter solchen Umständen empfiehlt es sich für den Anbieter besserer Qualität lediglich, Standardgarantieversprechen abzugeben.

Als anbieterbezogene Einflussfaktoren nicht unerwähnt bleiben sollen auch Effekte, die von Händlern bzw. Absatzmittlern ausgehen. So ist vorstellbar, dass eine hohe **Händlerreputation** (bzw. das beim Kunden vorhandene Vertrauen, das Händlern entgegengebracht wird) ein Substitut für eine umfangreiche Garantiezusage darstellt, wodurch der zusätzliche Wert einer verbesserten Garantiezusage des Herstellers gegebenenfalls geschmälert wird.[59] Mit der Wirkung von Garantien als Qualitätsindikator bei unterschiedlichen Ausprägungen von Hersteller- und Händlerreputation beschäftigt sich die auf der Cue-Utilization-Theorie gründende empirische Studie von Purohit/Srivastava (2001).[60] Die Ergebnisse verdeutlichen, dass mindestens eine Form von Reputation, entweder die Händlerreputation oder die Herstellerreputation, nicht aber zwingend die Herstellerreputation, hoch sein muss, damit eine umfassende Herstellergarantie im Vergleich zu einer eingeschränkten Garantie ihre Funktion als Qualitätsindikator erfüllen kann.[61]

---

[59] Vgl. Standop/Grunwald 2009, S. 120 f.
[60] Vgl. Purohit/Srivastava 2001.
[61] Vgl. Purohit/Srivastava 2001, S. 131.

Es hängt offenbar von der Ausprägung der Hersteller- bzw. Händlerreputation ab, ob eine Ausweitung der Garantiezusage die aus Produzentensicht erwünschte Wirkung auf die Prozesse der Qualitätswahrnehmung und -beurteilung von Konsumenten entfaltet. Ob allerdings Hersteller- und Händlerreputation aus Konsumentensicht gleichermaßen diagnostisch für die Beurteilung der Produktqualität sind, bleibt dahingestellt. Dawar und Parker (1994) weisen in diesem Zusammenhang darauf hin, dass die Herstellerreputation viel produktspezifischer ist als die Händlerreputation.[62] Letztere bezieht sich auf sämtliche im Sortiment des Händlers geführten Produkte verschiedener Hersteller wogegen die Herstellerreputation in der Regel auf nur ein oder wenige Produkte bezogen ist. Die Studien von Grewal/Krishnan/Baker/Borin (1998) und Rao/Monroe (1989) belegen, dass der Herstellerreputation im Vergleich zur Händlerreputation auf die Qualitätswahrnehmung und -beurteilung von Konsumenten der größere Einfluss zukommt.[63] Überträgt man dieses Ergebnis auf die relative Wichtigkeit von Hersteller- und Händlergarantien bei Außerachtlassen der Reputation, so lässt sich vermuten, dass auch die Herstellergarantie aus Konsumentensicht für deren Qualitätsurteil relativ bedeutsamer scheint.

---

[62] Vgl. Dawar/Parker 1994, S. 81 ff.

[63] Vgl. Grewal/Krishnan/Baker/Borin 1998, S. 331 ff.; Rao/Monroe 1989, S. 351 ff.

Mit **nachfragerbezogenen Einflussfaktoren** sind jene Wirkungsbedingungen gemeint, die von bei Nachfragern vorhandenen Einstellungen (bzw. Präferenzen) zum Produkt und/oder zur Garantie und/oder zum (Kauf-)Risiko ausgehen und bei der Festlegung der Ausprägungen von Garantiemerkmalen im Rahmen der Garantiepolitik zu berücksichtigen sind. Sind beispielsweise zu einem Produkt, für welches eine Ausweitung der Garantiezusage erwogen wird, bereits über weite Teile der (potentiellen) Nachfrager positive **Einstellungen** vorhanden, so mag der zusätzliche, durch die Ausweitung der Garantiezusage erzielbare Anbieternutzen geringer sein als in dem Fall, wo zu dem Produkt bzw. Anbieter noch überhaupt keine Einstellungen gebildet wurden. Eine zweite Frage betrifft das Vorhandensein von Einstellungen zu Garantien per se. Sind Konsumenten Garantien gegenüber grundsätzlich eher skeptisch eingestellt, so dürfte der Zusatznutzen einer Ausweitung der Garantiezusage signifikant geringer ausfallen verglichen mit dem Fall vorhandener positiver (oder neutraler) Garantieeinstellungen.

Auch die **Risikoeinstellung** der Konsumenten beeinflusst den Nutzen einer Ausweitung der Garantiezusage.[64] Wie bereits erwähnt, können mit einer Garantie das von Konsumenten wahrgenommene Kaufrisiko abgebaut und damit Kaufwiderstände reduziert werden. Der hiermit verbundene Nutzen aus An-

[64] Vgl. Reinhold 1983, S. 58 ff.

bietersicht wird sich jedoch nur dann einstellen können, wenn mit dem Kauf überhaupt entsprechende Risiken vom Konsumenten assoziiert werden. Letzteres wird verstärkt dann der Fall sein, wenn Konsumenten risikoscheu eingestellt sind. In diesem Fall wird der Konsument auf eine Ausweitung der Garantiezusage mit einer relativ großen Erhöhung seines Preisgebotes reagieren.[65] Sind Konsumenten hingegen eher risikobereit eingestellt, etwa weil sie glauben, ein besonders gutes Produkt zu kaufen und/oder die Konsequenzen einer schlechten Qualität als gering einstufen, so dürfte die Ausdehnung der Garantiezusage von Konsumenten kaum honoriert werden. Der Nutzen für einen Anbieter wäre insofern entsprechend gering.

Inwiefern sich der von einer Ausweitung der Garantie erhoffte Anbieternutzen einstellt hängt wesentlich auch davon ab, inwiefern Konsumenten mit der Garantie Anreize erhalten, sich opportunistisch zu verhalten (**Moral Hazard**). So kann es für Konsumenten bei sehr umfangreichen Garantiezusagen vorteilhaft sein, ihre Verwendungssorgfalt zu reduzieren. Sie beanspruchen das Produkt stärker als bei Fehlen einer solchen Garantie und gehen sorgloser mit dem Produkt um, da sie wissen, dass der Anbieter im Falle des Produktversagens das Produkt auf seine Kosten repariert oder ersetzt. In der Konsequenz würden dem Anbieter höhere Garantiekosten erwachsen. Eine Abhilfe können

[65] Vgl. Reinhold 1983, S. 60.

hier Teilerstattungsgarantien verschaffen, bei denen der Käufer im Garantiefall einen Teil der Garantiekosten selbst zu tragen hat.

4 Entscheidungsanalyse

4.1 Optimierungskalküle

Im Rahmen der Optimierung der Garantiezusage sind die zur Verfügung stehenden **Entscheidungsvariablen** (z. B. Garantiedauer, Garantieumfang, Kompensationsleistung) in ihrer Ausprägung so festzulegen, dass die gesetzten garantiepolitischen Ziele erreicht werden können. Diese Festlegung erfolgt stets unter Unsicherheit. Die Entscheidungsvariablen nehmen bei der Formulierung des Optimierungsproblems die Gestalt von unabhängigen Variablen an.

Die **Ziele** werden vom Garantiegeber unter Beachtung der Wirkungsbedingungen der Garantiepolitik (z. B. der gegebenen Reputation des Anbieters) realistisch gesetzt. Sie nehmen bei der Formulierung des Optimierungsproblems die Gestalt von abhängigen Variablen an.

Die **Einflussfaktoren** auf die Garantiepolitik stehen zwischen abhängigen und unabhängigen Variablen. Sie lassen sich als Moderator- oder als Mediatorvariable auffassen.[66] Im Rahmen einer konkreten Analyse der Garantiepo-

---

[66] Vgl. Grunwald/Hempelmann 2012, S. 32.

litik eines Anbieters könnten die Einflussfaktoren auf einem bestimmten Niveau konstant angenommen werden. Die Ergebnisse der Optimierung ließen sich auf zwei verschiedenen Niveaus dieser Einflussfaktoren (bzw. einmal mit und einmal ohne Einflussfaktor) vergleichen, womit die Wirkungen der Einflussfaktoren vom Entscheider kontrolliert werden könnten. Eine andere Möglichkeit besteht darin, die Einflussfaktoren als Nebenbedingungen bei der Formulierung des Optimierungsproblems zu formulieren bzw. sie als Parameter in die Formulierung bestimmter Reaktionsfunktionen (wie etwa der Preis-Absatz-Funktion) einfließen zu lassen.

Eine grobe Systematisierung von Vorgehensweisen bei der Optimierung lässt sich danach vornehmen, ob die Garantiezusage (v. a. in Ausprägung der Garantiedauer) und/oder die technische Produktqualität variiert werden. **Drei Vorgehensweisen** lassen sich so unterscheiden:[67]

Im **ersten Fall** ist bei gegebener Produktqualität nach der gewinnmaximalen Garantiezusage zu suchen, wobei es gilt, Kostenwirkungen (z. B. bei umfangreicherer Garantie höhere Kosten der Nachbesserung) und Erlöswirkungen (z. B. akquisitorische Wirkungen beim Neukauf, Kundenbindung während der Nutzungsdauer) einer Variation der Garantiezusage abzuschätzen.

[67] Vgl. Grunwald/Hempelmann 2006 und Murthy/Djamaludin 2002.

Im **zweiten Fall** liegt die Garantiezusage fest und es wird die technische Produktqualität im Sinne eines Zielkriteriums variiert. Auch hier gilt es, resultierende Kosten- und Erlöswirkungen zu prognostizieren. So wird eine Verminderung (Erhöhung) der technischen Produktqualität vermutlich zu sinkenden (steigenden) Herstellungskosten, geringeren (höheren) Erlösen und – infolge eines vermehrten (verringerten) Ausfalls – zu höheren (verringerten) Garantiekosten führen. Diese Kostenverläufe sind in *Abbildung 8* dargestellt, wobei mit k die Stückkosten und mit PQ die (eingebaute, technische) Produktqualität bezeichnet ist.

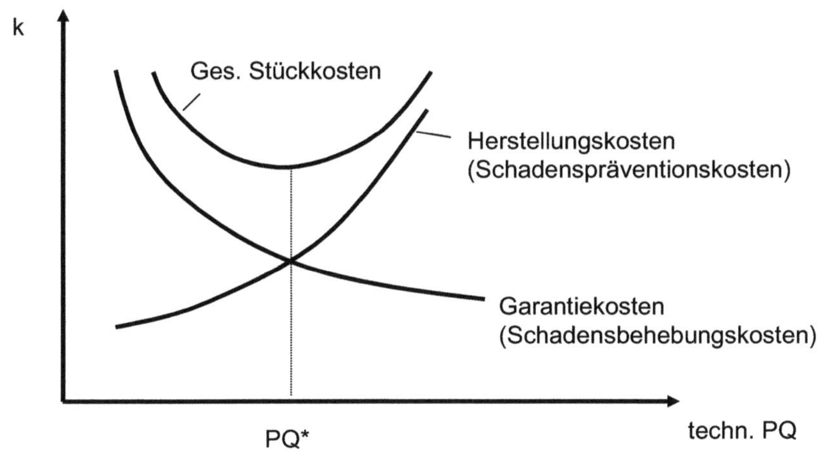

Abb. 8: Typische Verläufe von Garantie- und Herstellungskosten

Im **dritten Fall** werden schließlich Garantiezusage und Produktqualität simultan variiert. So mag ein Anbieter erwägen, ein Produkt nur noch mit einer geringeren Güte herzustellen und stattdessen die Garantiezusage zu verbessern. Die sich ergebenden Kostenwirkungen (sinkende Herstellungskosten, steigende Garantiekosten) sind wiederum etwaigen Erlöswirkungen (aufgrund der verschlechterten Produktgüte (verbesserten Garantie) gegebenenfalls sinkende (steigende) Erlöse) gegenüber zu stellen.

Die nachfolgende Fallstudie[68] setzt mit der Ableitung der optimalen Garantiedauer für zwei unterschiedliche Garantietypen an der ersten Vorgehensweise an und soll zum einen ein grundlegendes Verständnis für die Wirkungsweise von Garantien vermitteln sowie den erforderlichen Dateninput bei Optimierungsüberlegungen aufzeigen. Als Grundlage dient ein einperiodiges Modell zur Bestimmung der optimalen Garantiedauer, welches im nächsten Abschnitt vorgestellt wird.

[68] Vgl. Grunwald/Hempelmann 2006 und Grunwald 2008.

4.2 Ein Modell zur Bestimmung der optimalen Garantiedauer

Bei dem von Menezes/Currim (1992) beschriebenen Modell ist der **Absatz** (q) eine Funktion von Produktpreis (P), Garantiedauer (W) und Produktqualität (R) des betrachteten Herstellers bzw. Produkts sowie der korrespondierenden Variablen (P', W', R') der Konkurrenz dieses Herstellers:

(1) $$q = q\,(P, W, R, P', W', R'),$$

wobei gilt: $\frac{\partial q}{\partial P} < 0,\ \frac{\partial q}{\partial W} > 0,\ \frac{\partial q}{\partial R} > 0,\ \frac{\partial q}{\partial P'} > 0,\ \frac{\partial q}{\partial W'} < 0,\ \frac{\partial q}{\partial R'} < 0$.

Die **Garantiedauer** (W) und der **Produktpreis** (P) sind als **Entscheidungsvariablen** des Herstellers zu betrachten, auf deren Variation die Konkurrenz mit ihren Entscheidungsvariablen (P') bzw. (W') reagiert. Die Produktqualität (R bzw. R') sei exogen gegeben.

Die **Stückkosten** (C) ergeben sich als Summe von Herstellungskosten (‚Kosten der Schadensprävention') (C_M) und Garantiekosten (‚Kosten der Mangelbehebung') (C_W). Sie hängen ab von der gewählten eingebauten Produktqualität (R), der Garantiedauer (W), der Ausfallrate des Produkts (λ) sowie dem Anteil defekter Produkte, die (im Garantiefall) an die Firma zurückgeschickt werden (α):

(2) $$C = C(R, W, \lambda, \alpha)$$

Es gelte: $\dfrac{\partial C}{\partial R} > 0 \ , \ \dfrac{\partial C}{\partial W} > 0 \ , \ \dfrac{\partial C}{\partial \lambda} > 0 \ , \ \dfrac{\partial C}{\partial \alpha} > 0$.

Das Ziel der betrachteten Unternehmung besteht in der Maximierung ihres Gewinns gemäß der **Gewinnfunktion**

(3) $$\pi = (P - C)q - FC \rightarrow Max!$$

mit FC als Fixkosten. Die Lebensdauern T_i der angebotenen i Produkte seien **exponentialverteilt** mit dem Parameter $\lambda_i > 0$ als **Ausfallrate** (interpretierbar als mittlere Anzahl der in einer Zeiteinheit eintretenden Ausfälle eines Produkts) und der Dichtefunktion $f(t_i) = \lambda_i \, e^{-\lambda_i \, t_i}$. Die **Ausfallzeit** beträgt $1/\lambda$ entsprechend dem Erwartungswert der Exponentialverteilung. Die erwartete Anzahl an Ausfällen (pro Stück) während der Garantiedauer ergibt sich folglich als $N_i(W_i) = \lambda_i \, W_i$.

Die **erwarteten Stückkosten** hängen bei Wahl einer **Ersatzgarantie** (*Fall I*) ab von den durchschnittlichen Herstellungskosten pro fehlerhaftem Produkt (C_M), der erwarteten Anzahl an Ausfällen (pro Stück) ($N(W_I)$) während der Garantiedauer (W_I) und dem Anteil an den Hersteller zurückgesandter fehlerhafter Produkte (α):

(4) $$C_I = C_M + C_M \alpha N(W_I) = C_M(1 + \alpha \lambda W_I).$$

Bei Wahl einer **Reparaturgarantie** (*Fall II*) ergeben sich die erwarteten Stückkosten analog zu (4) gemäß (5), wobei (C_R) die durchschnittlichen Reparaturkosten pro defektem Produkt bezeichnet:

(5) $$C_{II} = C_M + C_R \alpha N(W_{II}) = C_M + C_R \alpha \lambda W_{II}.$$

Die erwarteten Stückkosten ergeben sich demnach in den *Fällen I* und *II* jeweils als Summe von „Kosten der Schadensprävention“ (C_M) und „Kosten der Mangelbehebung“ bzw. Garantiekosten ($C_M \alpha \lambda W_I$) im *Fall I* bzw. ($C_R \alpha \lambda W_{II}$) im *Fall II*.

Als Ergebnisse der Optimierung erhält man allgemein für den **optimalen Produktpreis** (P^*) respektive die **optimale Garantiedauer** (W^*) die folgenden Ausdrücke (6) und (7). Dabei bezeichnen η die Preiselastizität und μ die Garantieelastizität der Nachfrage. Letztere gibt an, wie sich der Absatz infolge einer marginalen Variation der Garantiedauer und zu erwartenden Konkurrenzreaktionen verändert.[69]

(6) $$P^* = C\left(\frac{\eta}{\eta + 1}\right)$$

[69] Vgl. für eine ausführliche Herleitung Menezes/Currim 1992, S. 189 ff.

(7) $$W^* = \frac{C}{\partial C / \partial W} \left(\frac{\mu}{-\eta - 1} \right) .$$

Bei Berücksichtigung der spezifizierten Kostenfunktion für den *Fall I* der **Ersatzgarantie** ergeben sich nach Einsetzen und einigen Umformungen als optimale Lösungen für diesen Fall:

(8) $$W_I^* = \frac{\mu_I}{\alpha\, \lambda\, (-\eta_I - \mu_I - 1)} .$$

Setzt man Ausdruck (4) in (6) ein, so ergibt sich

$P^* = C_M\,(1 + \alpha\, N(W)) \left(\frac{\eta}{\eta + 1} \right)$ und nach einigen Umformungen schließlich:

(9) $$P_I^* = C_M \left(\frac{-\eta_I}{-\eta_I - \mu_I - 1} \right) .$$

In analoger Weise lassen sich auch die Ergebnisse für den *Fall II* einer **Reparaturgarantie** angeben:

(10) $$W_{II}^* = \frac{\mu_{II}}{(C_R / C_M)\, \alpha\, \lambda\, (-\eta_{II} - \mu_{II} - 1)}$$

(11) $$P_{II}^* = C_M \left(\frac{-\eta_{II}}{-\eta_{II} - \mu_{II} - 1} \right) .$$

Während sich für den Produktpreis hier formal keinerlei Veränderungen gegenüber *Fall I* ergeben, so ist zu erkennen, dass die optimale Garantiedauer bei der Reparaturgarantie (*Fall II*) zusätzlich abhängt von dem Verhältnis von Reparatur- zu Herstellungskosten (C_R/C_M). Mit sinkendem Wert dieser Relation nimmt die optimale Garantiedauer bei diesem Typ zu.

4.3 Anwendung auf ein Unternehmen der IT-Branche

4.3.1 Falldarstellung

Die *Berry GmbH* ist die deutsche Niederlassung des gleichnamigen US-Konzerns, der sich auf die Entwicklung, Konstruktion und Produktion von Schaltern, Sensoren, Steuerungen, und Computer-Eingabegeräten konzentriert. Am Standort in Osnabrück fertigt *Berry* ausschließlich Computer-Tastaturen für den europäischen Markt. In den Tastaturen werden zwar Zulieferkomponenten aus Fernost und Ungarn verbaut, die Endmontage und die gesamte technische und Design-Entwicklung findet jedoch am Standort in Deutschland statt.

Das deutsche Unternehmen hat sich allen Wirtschaftskrisen zum trotz glänzend entwickelt. Von anfänglich vier Mitarbeitern im Jahre 1965 ist die Zahl der Beschäftigten auf mittlerweile 1300 angestiegen. *Berrys* erklärtes Ziel ihrer Unternehmenspolitik sind zufriedene Kunden. Deswegen haben bei *Berry* die Kundenberatung und die Unterstützung beim Lösen kundenspezifischer Aufgabenstellungen den gleichen Stellenwert wie Termintreue und Einhaltung der geforderten Produkteigenschaften.

Der Markt für PC-Tastaturen ist hart umkämpft. Die Firma *Logotec* ist unter den hochwertigen Keyboards für Heimanwender der unangefochtene Marktführer. *Berry* ist Marktführer bei Tastaturen für den professionellen Business-Einsatz. Viele Keyboards verfügen zum Beispiel über ein integriertes Chipkartenlesegerät, weil sie für den Einsatz in Arztpraxen und bei Krankenkassen vorgesehen sind. Wieder andere besitzen spezielle Tasten für den Einsatz an Wertpapierbörsen.

Zwar hatte *Berry* schon immer einige Produkte für Heimanwender im Angebot; der große Erfolg blieb dem Unternehmen damit aber bislang verwehrt. Das soll sich nach Auskunft von *Dr. Gruber*, Geschäftsführer der *Berry GmbH*, mit der Einführung einer neuen Produktlinie in Kürze ändern. Doch auch die Firma *Macrosoft* drängt in diesen Bereich und stellte erst kürzlich seine runderneuerte Produktpalette vor. Neben den hochwertigen und damit auch hochpreisigen Geräten von *Logotec* und *Macrosoft* tummeln sich auch Billiganbieter auf dem Markt für PC-Eingabegeräte, die ihre Produkte größtenteils als Handelsmarken- oder No-Name-Produkte an ausgewählte Discounter absetzen. Doch auf den Billigmarkt zielt die Produktoffensive von *Berry* nicht, stattdessen will man *Logotec* von seiner Spitzenstellung in diesem Segment verdrängen. Nur über den Preis kann sich *Berry* jedoch nicht definieren – obwohl das Unternehmen durchaus versucht, eine aggressive Preispolitik zu betreiben. Stattdessen setzt *Berry* auf umfangreiche Produktinnovationen, um sich markant vom Konkurrenzangebot im Segment der Heimanwender abzuheben. Die wesentliche Innovation bei der kurz vor der Einführung stehenden neuen Produktlinie *„Sky-XPress"* hört auf den Namen *„XPress-Key"*. Dabei handelt es sich um zusätzliche Tasten links und rechts des herkömmlichen Tastaturfeldes, mit denen häufige Arbeitsfunktionen, wie z. B. „Ausschneiden", „Kopieren" und „Einfügen", direkt aufgerufen werden können. Die **neue Produktlinie** besteht aus drei Produkten mit folgenden Merkmalen:

- Die *Solar-Master-XPress*-Tastatur ist laut Herstellerangaben die weltweit erste kabellose Tastatur, die ihre Betriebsenergie aus umweltfreundlichem Solarstrom bezieht. Das Produkt verfügt über insgesamt 29 Zusatztasten für Internet, Multimedia und PC-Anwendungen, die sich auch mit einer beigefügten speziellen Software frei programmieren lassen.

- Die *Solar-Master-XPress*-Tastatur gibt es auch als kabelgebundene Variante unter dem Namen *Classic-Master-XPress*.
- Die *Comfort-XPress*-Tastatur verfügt über lediglich neun programmierbare Zusatztasten und ist nur als Version mit Kabel erhältlich.

Bei den *„Solar-Master-XPress"*- und *„Classic-Master-XPress"*-Tastaturen handelt es sich um so genannte mechanische Tastaturen. Sie haben kurze Prellzeiten, sind sehr robust und widerstandsfähig. Die *„Comfort-XPress"*-Tastatur ist dagegen eine sogenannte Folientastatur, bei der drei Folienschichten übereinander liegen und über der Obersten wiederum eine Kunststoffolie mit Gummi-Puffern liegt, die die Funktion der Federn bei den mechanischen Eingabegeräten übernehmen.

Die **Herstellungskosten** der *Solar-Master-XPress* betragen durchschnittlich € 25,-, die der *Classic-Master-XPress* € 17,- und die der *Comfort-XPress*-Tastatur € 15,- pro Tastatur. Das Verhältnis von Reparatur- zu Herstellungskosten beträgt für die beiden kabelgebundenen Produktvarianten 70% und für das Solar-Produkt 125% im Durchschnitt. Die mittleren Wartezeiten bis zum ersten Ausfall[70] (**Ausfallzeiten**) der zwei kabelgebundenen Produkte werden von der Entwicklungsabteilung auf der Basis von in Fehlerdatenbanken gespeicherter Vergangenheitsdaten zweier Referenzprodukte aus dem Business-Bereich prognostiziert.

Es liegen aggregierte Daten [für je 1000 verkaufte Artikel einer Serie] der folgenden Form vor (vgl. *Tabelle 1*):

	A	B	C	D	E
1	**Typ**	**Serien-Nr.**	**ermittelte durchschnittl. Ausfallzeit [in Jahren]**	**häufigster Fehler (festgestellt)**	**Gesamtzahl akzeptierter Beschwerden**
2	A	3025112-MB	8,82	Kabel defekt	885
3	A	3025113-MB	9,22	Federung defekt	763
4	A	3025114-MB	13,5	Beleuchtung defekt	896
5	A	3025115-MB	10,43	Federung defekt	854
6	.	.	.	.	.
7	.	.	.	.	.
8	.	.	.	.	.
9	B	1005349-FB	2,63	starker Abrieb	442
10	B	1005350-FB	3,41	Isolatorfolie defekt	535
11	B	1005351-FB	5,53	Gummi-Pufferung defekt	338
12	B	1005352-FB	3,7	Isolatorfolie defekt	698
13	.	.	.	.	.
14	.	.	.	.	.
15	.	.	.	.	.
16					

Tab. 1: Auszug aus der Beschwerdedatenbank (Quelle: Grunwald 2008, S. 7.)

[70] Der Ausfall ist ein Ereignis, das im Verlust der planmäßigen Arbeitsfähigkeit des Gerätes besteht. Ein Ausfall muss nicht zwangsläufig immer in *einem Totalausfall* bestehen; auch ein sog. *Toleranzausfall* ist möglich, bei dem das Produkt zwar noch funktionstüchtig ist, ein vorgegebenes Maß einer zugesicherten Eigenschaft jedoch beobachtbar nicht eingehalten wird (z. B. mag der durchschnittliche Energieverbrauch pro Stunde das vom Hersteller zugesicherte Maß überschreiten).

Auf der Basis der durchschnittlichen Ausfallzeiten für je 1000 Produkte einer Serie eines Referenzprodukts hat die Entwicklungsabteilung für die *Classic-Master-XPress* einen Wert von 12 Jahren als mittlere Ausfallzeit ermittelt. Für das Produkt *Comfort-XPress* haben die Ingenieure lediglich einen Wert von 5 Jahren als durchschnittliche Ausfallzeit berechnet. Die Ergebnisse der von *Berry* durchgeführten umfangreichen Belastungstests mit der *Solar-Master-XPress*-Tastatur veranlassten die Entwickler, bei diesem, aufgrund der Solartechnik anfälligeren, Produkt von einer um zwei Jahre geringeren durchschnittlichen Ausfallzeit gegenüber der vergleichbaren kabelgebundenen Variante *Classic-Master-XPress* auszugehen.

Den Anteil defekter Produkte, die (im Garantiefall) an die Firma zurückgeschickt werden, kalkuliert *Berry* für seine Produkte mit durchschnittlich 80%.

Auf die Produkte für den professionellen Anwenderkreis gewährt *Berry* schon immer eine deutlich über der **gesetzlichen Gewährleistungsfrist** von zwei Jahren liegende vertraglich vereinbarte Garantiedauer, weil das Gros der Business-Kunden einfach auf funktionierende Geräte angewiesen ist. Fällt ein Gerät aus, würde das auch die Arbeitszeit des betroffenen Mitarbeiters kosten, wenn nicht sofort Ersatz geliefert werden kann. Um möglichen Konfrontationen mit Kunden vorzubeugen, gewährt Berry im Regelfall Vollerstattungsgarantien, d. h. Berry tauscht im Garantiefall entweder defekte gegen einwandfreie Produkte kostenlos um (Fall I: Ersatzgarantie) oder repariert die fehlerhaften Produkte kostenlos (Fall II: Reparaturgarantie).

Im Heimanwendersegment dagegen beschränkt sich *Berry* – wie im Übrigen auch sämtliche Konkurrenten – auf die gesetzliche Gewährleistungsfrist, da in diesem Segment die Folgen eines Produktausfalls wesentlich geringer seien als im professionellen Bereich. Nach einem Gespräch mit der für die Einführung der neuen Produktlinie zuständigen Produktmanagerin, Frau *Voss*, ist sich Herr *Dr. Gruber* ziemlich unschlüssig, ob nicht vielleicht doch eine Anhebung der (vertraglich vereinbarten) **Garantiedauer** über das gesetzliche Niveau hinaus als zusätzliches Verkaufsargument sinnvoll wäre. Um Herrn *Dr. Gruber* tiefer gehende Einblicke in die Wirkungsweise von Garantien zu verschaffen und die Entscheidung über eine Variation der Garantiedauer vorzubereiten, greift Frau *Voss* auf ein einfaches einperiodiges Modell zurück, wie es in *Abschnitt 4.2* vorgestellt wurde.

4.3.2 Problemstellungen

(1) Gesucht sind zunächst Argumente für eine Ausdehnung der Garantiedauer für die neue Produktlinie über das gesetzliche Niveau hinaus! Welche Auswirkungen einer Variation der Garantiedauer sind zu berücksichtigen?

(2) Frau *Voss* hat auf Basis historischer Daten für die Garantieelastizität der Nachfrage einen Wert von 0,3 für die Ersatzgarantie (*Fall I*) und einen Wert von 0,2 für die Reparaturgarantie (*Fall II*) ermittelt. Die Preiselastizität der Nachfrage beträgt in beiden Fällen –2,5. Die Nachfragefunktion sei gegeben durch: $q = 5 \cdot 10^{11} \cdot P^{\eta} \cdot W^{\mu}$. Gesucht sind die **optimalen Garantiedauern**, **Produktpreise** und **Bruttogewinne** (unter Vernachlässigung der Fixkosten) für die drei *Berry*-Produkte im *Fall I* und *Fall II*! Was sollte Herrn *Dr. Gruber* angesichts der ermittelten Ergebnisse empfohlen werden?

(3) Gegeben seien die Ausgangsdaten von Problemstellung (2). Um welchen Wert müsste *Berry* im *Fall I* die **Ausfallrate** für die *Comfort-XPress*-Tastatur (durch Investitionen in die technische Produktqualität) reduzieren, so dass die gesetzliche Gewährleistungsfrist optimal wird?

4.3.3 Problemlösungen

Zu Problemstellung (1):

Berry könnte mit einer überdurchschnittlichen Garantiedauer werben, um sich vom eventuell ansonsten kaum wahrnehmbar zu unterscheidenden Leistungsangebot seiner Wettbewerber abzuheben, potentiellen Erstkäufern die hohe Qualität seiner Produkte zu signalisieren und wahrgenommene Kaufrisiken, die Kaufwiderstände darstellen, abzubauen. Durch eine längere Garantiedauer könnte man unzufriedenen Kunden überdies die Möglichkeit geben, sich auch noch relativ spät nach dem Kauf beim Anbieter (erfolgreich) zu beschweren. Eine reibungslose Beschwerde- bzw. Garantiefallabwicklung könnte dann den Anbieter noch länger bzw. häufiger in die Lage versetzen, eventuell bestehende Unzufriedenheitsgründe aufzulösen und Kunden so längerfristig an sich zu binden.

Nicht zuletzt stellt die Verlängerung der Garantiedauer eine Wechselbarriere für Kunden dar, die, um in den Genuss der Kompensation des Anbieters im Garantiefall zu gelangen, stets Leistungen (Wartungen, Inspektionen etc.) desselben Anbieters in Anspruch zu nehmen haben. Solche qualitativen Effekte einer Ausdehnung der Garantiedauer mögen sich in Erlöswirkungen niederschlagen, die wiederum den zu erwartenden Kostenwirkungen (höhere

Garantiekosten etwa für Nachbesserung oder Ersatz von Produkten bei verlängerter Garantiedauer) gegenüber zu stellen sind, um resultierende Gewinnwirkungen abschätzen zu können.

Zu Problemstellung (2):

Gegeben sind: $\alpha = 0{,}8$, $\mu_I = 0{,}3$, $\mu_{II} = 0{,}2$, $\eta = -2{,}5$, $q = 5 \cdot 10^{11} \cdot P^{\eta} \cdot W^{\mu}$

Für die *Solar-Master-XPress*-Tastatur werden die Berechnungen im Folgenden ausführlich durchgeführt. Die durchschnittliche Ausfallzeit beträgt 10 Jahre. Das entspricht einer Wartezeit bis zum 1. Ausfall von $1/\lambda = 10$. Die Ausfallrate λ beträgt also $1/10 = 0{,}1$.

Ferner gilt: $C_M = 25$ €/St. und $C_R/C_M = 1{,}25$ ➔ $C_R/25 = 1{,}25$ ⇔ $C_R = 31{,}25$ €/St.

Nun sind die beiden Fälle zu unterscheiden:

- <u>*Fall I:*</u> $\mu = 0{,}3$

$$W_I{*} = \frac{0{,}3}{0{,}8 \cdot 0{,}1\,(2{,}5 - 0{,}3 - 1)} = 3{,}125 \text{ [Jahre]}$$

$$P_I{*} = 25 \cdot \left(\frac{2{,}5}{2{,}5 - 0{,}3 - 1} \right) = 52{,}08 \text{ €}$$

$$C_I = C_M (1 + \alpha \lambda W_I) = 25 \cdot (1+ 0{,}8 \cdot 0{,}1 \cdot 3{,}125) = 31{,}25 \text{ €/St.}$$

$$q_I^* = 5 \cdot 10^{11} \cdot 52{,}08^{-2{,}5} \cdot 3{,}125^{0{,}3} = 35.954.029 \text{ St.}$$

$$\pi_I^* = (P - C) \cdot q = (52{,}08 - 31{,}25) \cdot 35.954.029 = \underline{748.922.424{,}1 \text{ €}}$$

- <u>*Fall II:*</u> $\mu = 0{,}2$

$$W_{II}^* = \frac{0{,}2}{1{,}25 \cdot 0{,}8 \cdot 0{,}1 \cdot (2{,}5 - 0{,}2 - 1)} = 1{,}538 \text{ [Jahre]}$$

$$P_{II}^* = 25 \cdot \left(\frac{2{,}5}{2{,}5 - 0{,}2 - 1} \right) = 48{,}08 \text{ €}$$

$$C_{II} = C_M + C_R \, \alpha \lambda W_{II} = 25 + 31{,}25 \cdot 0{,}8 \cdot 0{,}1 \cdot 1{,}538 = 28{,}85 \text{ €/St.}$$

$$q_{II}^* = 5 \cdot 10^{11} \cdot 48{,}08^{-2{,}5} \cdot 1{,}538^{0{,}2} = 33.997.746 \text{ St.}$$

$$\pi_{II}^* = (48{,}08 - 28{,}85) \cdot 33.997.746 = \underline{653.776.655{,}6 \text{ €}}$$

Die Berechnungen für die übrigen Produkte erfolgen analog. Die Ergebnisse können *Tabelle 2* entnommen werden.

	Solar-Master-XPress		*Classic-Master-XPress*		*Comfort-XPress*	
	Fall I (μ = 0,3)	*Fall II* (μ = 0,2)	*Fall I* (μ = 0,3)	*Fall II* (μ = 0,2)	*Fall I* (μ = 0,3)	*Fall II* (μ = 0,2)
*W** [Jahre]	3,125	1,538 (< 2)	3,750	3,297	1,563 (< 2)	1,374 (< 2)
*P** [€]	52,08	48,08	35,42	32,69	31,25	28,85
*q** [Mio St.]	35,95	33,99	99,55	103,88	104,72	119,17
π* [Mio €]	748,92	653,77	1.410,68	1.357,78	1.309,00	1.375,33

Tab. 2: Ergebnisse der Optimierung (Quelle: Grunwald/Hempelmann 2006, S. 359 und Grunwald 2008, S. 17)

Herrn *Dr. Gruber* sollte angesichts dieser Ergebnisse die Ausdehnung der Garantiedauer für die *Solar-Master-XPress* von 2 auf gut 3 Jahre und die Wahl der Ersatzgarantie empfohlen werden. Auch für die *Classic-Master-XPress* ist eine Ausdehnung der Garantiedauer vorteilhaft, und zwar auf 3,75 Jahre (= 45 Monate) und ebenfalls die Wahl der Ersatzgarantie. Letzteres mag auf den ersten Blick verwundern, da bei der *Classic-Master-XPress* ein Verhältnis von Reparatur- zu Herstellkosten von kleiner als 1 zugrunde gelegt wurde, demnach also Herstellkosten etwaige Reparaturkosten übersteigen. Dieses Ergebnis lässt sich jedoch durch die höhere Garantieelastizität für die Ersatzgarantie plausibel machen. Für die *Comfort-XPress*-Tastatur wäre hingegen eine geringere Garantiedauer als die gesetzlich vorgeschriebene optimal. Da die gesetzliche Gewährleistungsdauer nicht unterschritten werden darf, ergeben sich für dieses Produkt keinerlei Änderungen.

Ob eine kostenlose Reparatur oder aber ein kostenloser Ersatz vorteilhaft wäre, kann wiederum durch anloge Berechnung der Gewinne mit $W \equiv 2$ ermittelt werden. Die gesetzlichen Ansprüche des Käufers im Gewährleistungsfall richten sich jedenfalls auf Ersatzlieferung eines einwandfreien Produkts *oder* auf kostenfreie Reparatur. Ist dabei der Aufwand für die gewählte Art der Nacherfüllung für den Verkäufer nachweislich unverhältnismäßig groß, dann kann sie der Verkäufer nach § 439 BGB verweigern. Ob eine solche Verweigerung jedoch ökonomisch, vor dem Hintergrund von Überlegungen zur Kundenbindung, sinnvoll wäre, ist im Einzelfall zu prüfen.

Zu Problemstellung (3):

Gesucht ist λ, so dass W_I* gerade 2 Jahre beträgt. Gegeben sind $\alpha = 0{,}8$, $\eta = -2{,}5$, $\mu = 0{,}3$ und $W^* = 2$.

Es gilt: $$W_I^* = \frac{\mu}{\alpha\lambda\,(-\eta-\mu-1)} \Leftrightarrow 2 = \frac{0{,}3}{0{,}8\cdot\lambda\cdot(2{,}5-0{,}3-1)}$$

$$\Leftrightarrow \quad \underline{\lambda \approx 0{,}16}$$

D. h. die **Ausfallrate** λ der *Comfort-XPress*-Tastatur müsste um 0,2 – 0,16 = 0,04 Einheiten gesenkt werden, so dass die gesetzliche Gewährleistungsfrist von 2 Jahren die optimale Lösung im *Fall I* darstellt.

5 Schlussbetrachtung

Garantien werden von Konsumenten im Grundsatz wahrgenommenen, sofern sie glaubwürdig und widerspruchsfrei bestimmte aus Konsumentensicht relevante Funktionen zu erfüllen vermögen, aus denen sich Folgen für die Beurteilung der betreffenden Produkte bzw. Anbieter durch Konsumenten ableiten.

Im ersten Teil dieses Buches werden die von Garantien ausgehenden Wirkungen auf das Konsumentenverhalten analysiert. Garantien mögen *vor dem Kauf* eine bestimmte Produktqualität signalisieren (**Qualitätsindikation**) und wahrgenommene Kaufrisiken, die Kaufwiderstände darstellen, reduzieren (**Risikoreduktion**). Ihre Bedeutung für den Kaufentscheidungsprozess von Konsumenten wächst, sofern das zu beurteilende Produkt einen hohen Anteil an Erfahrungsqualitäten aufweist und das persönliche Sicherheitsbedürfnis von Konsumenten hoch ist. Als verhaltenswissenschaftliche Ansätze zur Erklärung der Vorkauf-Funktionen von Garantien wird auf die Cue-Utilization-Theorie einerseits und die Theorien der Risikoreduktion und Schutzmotivation andererseits Bezug genommen.

Nach dem Kauf ermöglichen Garantien eine Klärung der Haftungsfrage im Falle eines Produktversagens und sorgen damit zugleich für eine Aufteilung bzw. Zuweisung von Verantwortlichkeiten (**Verantwortlichkeitsklärung**), die als Teil der kognitiven Problembewältigung des Konsumenten erachtet werden mag. Kommt es nach dem Kauf zum Schadensfall, so ist die Kundenzufriedenheit bedroht. Garantien mögen hier in Zufriedenheit steigernder Weise sowohl auf die Erwartungen der Konsumenten als auch über Ausstrahlungseffekte und den Abbau kognitiver Dissonanzen auf die Wahrnehmung und Beurteilung des Produktes im Schadensfall einwirken (**Zufriedenheitssicherung**). Als theoretisches Fundament zur Erklärung solcher Nachkauf-Wirkungen werden Confirmation/Disconfirmation-Paradigma, Equity-Theorie sowie Attributionstheorie herangezogen.

Im Rahmen einer Entscheidungsanalyse wird anhand des Falles eines Unternehmens der IT-Branche ein Einblick in die Bedeutung und Wirkungsweise von Garantien sowie die Grundstruktur garantiepolitischer Entscheidungen samt erforderlichem Dateninput gegeben, der im Einzelfall durchaus umfangreicher ausfallen mag. Zu diesem Zweck wird auf ein einperiodiges Modell zur Ableitung von optimaler Garantiedauer und optimalem Produktpreis zurückgegriffen, an dem die Gewinnberechnung mit anschließendem Vorteilhaftigkeitsvergleich für unterschiedliche Produkte des Fallunternehmens bei Geltung unterschiedlicher Garantietypen, nämlich Ersatz- und Reparaturgarantie, verdeutlicht wird. Die Ergebnisse lassen sich wie folgt zusammenfassen:

Der Frage nach der Sinnhaftigkeit einer Variation der Garantiedauer kann man sich zunächst rein qualitativ durch die einer Garantie zugesprochenen Funktionen aus Nachfragersicht (u. a. Qualitätssignal, Risikoreduzierer) und Anbietersicht (Differenzierung im Wettbewerb, Kundenbindungsinstrument) nähern. Aus der positiven Erfüllung solcher Funktionen mögen Mehrerlöse erwachsen, die den resultierenden Mehrkosten (etwa für die zusätzliche Schadensabwicklung) gegenüberzustellen sind, um Gewinnwirkungen abzuschätzen.

Präzisere Aussagen lassen sich aus der Modellanalyse gewinnen: Es wird deutlich, dass die Sinnhaftigkeit einer Ausdehnung der Garantiedauer vor allem abhängt von den Ausprägungen von Garantie- und Preiselastizität der Nachfrage, der Produktausfallrate, dem Anteil defekter reklamierter Produkte, sowie – im Falle der Reparaturgarantie – auch von dem Verhältnis von Reparatur- zu Herstellkosten.

Während sich eine hohe Garantieelastizität der Nachfrage positiv auf die optimale Garantiedauer auswirkt, üben Preiselastizität der Nachfrage, Produktausfallrate und der Anteil defekter reklamierter Produkte einen negativen Einfluss aus. Der formale Nachweis kann durch eine komparativ-statische Analyse erbracht werden. Analog lassen sich auch die Wirkungen einer Änderung dieser Einflussgrößen auf den optimalen Preis und schließlich auf Absatz und Gewinn analysieren.

Die vorliegende Fallstudie mit dem gewählten grundlegenden Modell bietet einen Ausgangspunkt für weitergehende Überlegungen: Wurde bisher nach der optimalen Garantiepolitik bei gegebener technischer Produktqualität gefragt, so könnte alternativ einmal die optimale Produktqualität bei gegebener Garantiedauer aus dem Gewinnmaximierungskalkül der Firma allgemein hergeleitet werden, entsprechend der zweiten aufgezeigten Vorgehensweise einer Optimierung. Schließlich ließen sich entsprechend der dritten Vorgehensweise die optimale Garantiedauer und die optimale Produktqualität simultan optimieren.

Literaturverzeichnis

Adams, J. S.: Inequity in Social Exchange, in: Berkowitz, L. (Hrsg.): Advances in Experimental Social Psychology, Vol. 2, New York 1965, S. 267-299.

Adler, J.: Informationsökonomische Fundierung von Austauschprozessen. Eine nachfrageorientierte Analyse, Wiesbaden 1996.

Al-Najjar, N. I.: Reputation, Product Quality, And Warranties, in: Journal of Economics & Management Strategy 3, 1995, 4, S. 605-637.

Anderson, E. W.: Customer Satisfaction and Word of Mouth, in: Journal of Service Research, Vol. 1, No. 1, 1998, S. 5-17.

Andreasen, A. R., Best, A.: Consumers complain. Does business respond?, in: Harvard Business Review, Vol. 55, No. 4, 1977, S. 93–101.

Asche, T.: Das Sicherheitsverhalten von Konsumenten, Heidelberg 1990.

Balachander, S.: Warranty Signalling and Reputation, in: Management Science 47, 9, 2001, S. 1282-1289.

Bearden, W., Crockett, M., Teel, J.: A past model of consumer complaint behavior, in: Bagozzi, R. P. (Hrsg.): Marketing in the 80's: Changes and challenges, Proceedings AMA, Chicago IL, 1980, S. 101–104.

Bearden, W. O., Shimp, T. A.: The Use of Extrinsic Cues to Facilitate Product Adoption, in: Journal of Marketing Research, Vol. XIX, 1982, S. 229-239.

Bies, R. J.: The Predicament of Injustice: The Management of Moral Outrage, in: Research in Organizational Behavior 9, 1987, S. 289-319.

Blischke, W. R., Murthy, D. N. P.: Product Warranty Management – I: A taxonomy for warranty policies, in: European Journal of Operational Research, Vol. 62, 1992, S. 127-148.

Blodgett, J. G., Grandbois, D. H., Walters, R. G.: The effect of perceived justice on complainant's negative word of mouth behaviour and repatronage intentions, in: Journal of Retailing, Vol, 69, No. 4, 1993, S. 399–426.

Blodgett, J. G., Hill, D. J., Tax, S. S.: The Effects of Distributive, Procedural, and Interactional Justice on Postcomplaint Behavior, in: Journal of Retailing, Vol. 73, 2, 1997, S. 185-210.

Blodgett, J. G., Tax, S. S.: The effects of distributive and interactional justice on complainants` repatronage intentions and negative word-of-mouth intentions, in: Journal of Consumer Satisfaction, Dissatisfaction and Complaining Behavior, Vol. 6, 1993, S. 100-110.

Boulding, W., Kirmani, A.: A Consumer-Side Experimental Examination of Signaling Theory: Do Consumers Perceive Warranties as Signals of Quality?, in: Journal of Consumer Research 20, 1993, S. 111-123.

Bruhn, M.: Kundenerwartungen – Theoretische Grundlagen, Messung und Managementkonzept, in: ZfB, 70. Jg., H. 9, 2000, S. 1031-1054.

Büschken, J.: Wirkung von Repuation zur Reduktion von Qualitätsunsicherheit, Diskussionsbeitrag Nr. 123 der Katholischen Universität Eichstätt, Wirtschaftswissenschaftliche Fakultät Ingolstadt, Ingolstadt, Oktober 1999.

Chang, C.: Cue Utilization and Consumer Expertise, in: American Marketing Association (Hrsg.): AMA Educator`s Proceedings: Enhancing Knowledge Development in Marketing, Vol. 17, 2006, S. 65-69.

Dawar, N., Parker, P.: Marketing universals: Consumers' use of brand name, price, physical appearance, and retailer reputation as signals of product quality, in: Journal of Marketing, 58, 1994, S. 81-95.

Dawar, N., Pillutla, M. M.: Impact of Product-Harm Crises on Brand Equity: The Moderating Role of Consumer Expectations, in: Journal of Marketing Research, Vol. XXXVII, 2000, S. 215-226.

Day, R. L.: Modeling choices among alternative responses to dissatisfaction, in: Advances in Consumer Research, Vol. 11, 1984, S. 496–499.

Dean, D. H.: Consumer Reaction to Negative Publicity. Effects of Corporate Reputation, Response, and Responsibility for a Crisis Event, in: Journal of Business Communication, Vol. 41, No. 2, 2004, S. 192-211.

Deutsch, M.: Distributive Justice. New Haven, CT 1985.

Dowling, G. R., Staelin, R.: A Model of Perceived Risk and Intended Risk-

Handling Activity, in: Journal of Consumer Research, Vol. 21, No. 1, 1994, S. 119-134.

Emons, W.: The Theory of Warranty Contracts, in: Journal of Economic Surveys, Vol. 3, No. 1, 1989, S. 43-57.

Erevelles, S., Leavitt, C.: A comparison of current models of consumer satisfaction/dissatisfaction, in: Journal of Consumer Satisfaction, Dissatisfaction and Complaining Behavior, Vol. 5, 1992, S. 104-114.

Festinger, L.: A Theory of Cognitive Dissonance, New York 1957.

Fisk, R. P., Young, C. E.: Disconfirmation of Equity Expectations: Effects on Consumer Satisfaction with Services, in: Advances in Consumer Research, 12, 1985, S. 340-345.

Folkes, V. S.: Consumer Reactions to Product Failure: An Attributional Approach, in: Journal of Consumer Research, Vol. 10, 3, 1984, S. 398-409.

Folkes, V. S.: Recent Attribution Research in Consumer Behavior: A Review and New Directions, in: Journal of Consumer Research, Vol. 14, 1988, S. 548-565.

Garrett, D. E.: The Effectiveness of Compensation given to Complaining Consumers: Is More Better?, in: Journal of Consumer Satisfaction, Dissatisfaction and Complaining Behavior, Vol. 12, 1999, S. 26-34.

Gerhard, A.: Die Unsicherheit des Konsumenten bei der Kaufentscheidung: Verhaltensweisen von Konsumenten und Anbietern, Wiesbaden 1995 (zugl. Diss. Univ. Giessen).

Grewal, D., Krishnan, R., Baker, J., Borin, N.: The effect of store name, brand name, and price discounts on consumers' evaluations and purchase intentions, in: Journal of Retailing, 74, 1998, S. 331-352.

Grunwald, G.: Die Variation der Garantiedauer als Entscheidungsproblem des Anbieters – dargestellt am Beispiel eines Unternehmens der IT-Branche, in: Beiträge des Fachbereichs Wirtschaftswissenschaften der Universität Osnabrück, Nr. 1, 2008.

Grunwald, G., Hempelmann, B.: Optimale Garantiepolitik, in: Wirtschaftswissenschaftliches Studium (WiSt), 35. Jg., H. 6., 2006, S. 356-360.

Grunwald, G., Hempelmann, B.: Angewandte Marktforschung: Eine praxisorientierte Einführung, 1. Aufl., München 2012.

Gümbel, R.: Handel, Markt und Ökonomik, Wiesbaden 1985.

Hansen, S. W., Powers, T., Swan, J. E.: Modelling industrial buyer complaints: Implications for satisfying and saving customers, in: Journal of Marketing Theory and Practice, Vol. 5, No. 4, 1997, S. 12–22.

Helm, R., Mark, A.: Implications from cue utilisation theory and signalling theory for firm reputation and the marketing of new products, in: International Journal of Product Development, Vol. 4, No. 3/4, 2007, S. 396-411.

Hempelmann, B.: Qualitäts- und Kommunikationspolitik angesichts von Produktrisiken, Heidelberg 1993.

Herr, P. M., Kardes, F. R., Kim, J.: Effects of word-of-mouth and product-attribute information on persuasion: An accessibility-diagnosticity perspective, in: Journal of Consumer Research, 17, 1991, S. 454-462.

Ho, T. H., Lim, N., Camerer, C. F.: Modeling the Psychology of Consumer and Firm Behavior with Behavioral Economics, in: Journal of Marketing Research, Vol. XLIII, 2006, S. 307-331.

Homans, G.: Elementarformen sozialen Verhaltens, Köln, 1968.

Homburg, C., Rudolph, B.: Theoretische Perspektiven der Kundenzufriedenheit, in: Simon, H., Homburg, C. (Hrsg.): Kundenzufriedenheit, Konzepte – Methoden – Erfahrungen, 2. Aufl., Wiesbaden 1997, S. 33-51.

Innis, D. E.; Unnava, H. R.: The Usefulness of Product Warranties for Reputable and New Brands, in: Advances in Consumer Research, Vol. 18, 1991, S. 317-322.

Jacoby, J., Jaccard, J. J.: The sources, meaning and validity of consumer complaining behavior; A psychological review in: Journal of Retailing, Vol. 57, No. 3, 1981, S. 4–24.

Kashyap, R.: The Effects of Service Guarantees on External and Internal Markets, in: Academy of Marketing Science Review, No. 10, 2001, S. 1-19.

Kelley, C. A., Conant, J. S.: Extended Warranties: Consumer and Manufacturer Perceptions, in: Journal of Consumer Affairs 25, 1991, 1, S. 68-83.

Kelley, H. H.: Causal Schemata and the Attribution Process, in: Jones, E. E., Kanouse, D. E., Kelley, H. H., Nisbett, R. E., Valins, S., Weiner, B. (Hrsg.): Attribution: Perceiving the causes of behaviour, Morristown, N.J. 1972, S. 1-24.

Klinger, E.: Gestaltung von Sicherheitskommunikation: Eine Wirkungsanalyse sicherheitsrelevanter Produktaufschriften, Wiesbaden 1998.

Kroeber-Riel, W., Weinberg, P.: Konsumentenverhalten, 6. Aufl., München 1996.

Kumar, P., Kalwani, M. U., Dada, M.: The Impact of Waiting Time Guarantees on Customers Waiting Time Experiences, in: Marketing Science, 16 (4), 1997, S. 295-314.

Laforge, M. C.: Learned helplessness as an explanation of elderly consumer complaint behavior, in: Journal of Business Ethics, Vol. 8, No. 5, 1989, S. 359–366.

Lapidus, R. S., Pinkerton, L.: Customer complaint situations: An equity theory perspective, in: Psychology and Marketing, Vol. 12, No. 2, 1995, S. 105–118.

Lichtenstein, S., Earle, T. C., Slovic, P.: Cue utilization in a numerical prediction task, in: Journal of Experimental Psychology: Human Perception and Performance, 104, 1975, S. 77-85.

Maute, M. F.; Forrester Jr., W. R.: The structure and determinants of consumer complaint intentions and behavior, in: Journal of Economic Psychology, 14, 1993, S. 219-247.

Menezes, M. A. J.: Product Warranty as an Element of the Marketing-Mix: Theory, Implications and Experimental Tests, Ann Arbor (MI) 1989.

Menezes, M. A. J., Currim, I. S.: An approach for determination of warranty length, in: International Journal of Research in Marketing, Vol. 9, 1992, S. 177-195.

Murthy, D. N. P., Djamaludin, J.: New product warranty: A literature review, in: International Journal of Production Economics, Vol. 79, 2002, S. 231-260.

Niemeyer, H.-G.: Begründungsmuster von Konsumenten. Attributionstheoretische Grundlagen und Einflussmöglichkeiten im Marketing (zugl. Univ.-Diss. Universität Göttingen), Heidelberg 1993.

Niemeyer, H.-G., Stegmüller, B.: Wer hat Schuld? Marktanalyse aus attributionstheoretischer Perspektive?, in: Der Markt, 30. Jg., Nr. 116, 1991, S. 37-45.

Oliver, R. L.: Cognitive, Affective, and Attribute Bases of the Satisfaction Response, in: Journal of Consumer Research, 20, 1993, S. 418-430.

Oliver, R. L., DeSarbo, W.: Response Determinants in Satisfaction Judgments, in: Journal of Consumer Research, 14, 1988, S. 495-507.

Oliver, R. L., Swan, J. E.: Equity and Disconfirmation Perceptions as Influences on Merchant and Product Satisfaction, in: Journal of Consumer Research, 16, 1989, S. 372-383.

Oliver, R. L., Winer, R. S.: A Framework for the Formation and Structure of Consumer Expectations: Review and Propositions, in: Journal of Economic Psychology 8, 1987, S. 469-499.

Olson, J. C.: Inferential Belief Formation in the Cue Utilization Process, in: Advances in Consumer Research, Vol. 5, No. 1, 1978, S. 706-713.

Olson, J., Jacoby, J.: Cue utilization in the quality perception process, in: Venkatesan, M. (Hrsg.): Proceedings of the Third Annual Conference of the Association for Consumer Research, Association for Consumer Research, Ann-Arbor, MI, 1972, S. 167-79.

Price, L. J., Dawar, N.: The Joint effects of brands and warranties in signaling new product quality, in: Journal of Economic Psychology 23, 2002, S. 165-190.

Purohit, D., Srivastava, J.: Effect of Manufacturer Reputation, Retailer Reputation and Product Warranty on Consumer Judgements of Product Quality: A Cue Diagnostic Framework, in: Journal of Consumer Psychology 10, 2001, 3, S. 123-134.

Rao, A. R., Monroe, K. B.: The effect of price, brand name, and store name on buyer's perceptions of product quality: An integrative review, in: Journal of Marketing Research, 26, 1989, S. 351-357.

Reinhold, A.: Garantie und Garantiepolitik – Die theoretischen Grundlagen garantiepolitischer Entscheidungen industrieller Anbieter, Mainz 1983 (zugl. Diss. rer. pol. Univ. Mainz 1983).

Richardson, P. S., Dick, A. S., Jain, A. K.: Extrinsic and intrinsic cue effects on perceptions of store brand quality, in: Journal of Marketing, 58, 1994, S. 28-36.

Rogers, R. W.: Cognitive and physiological processes in fear appeals and attitude change: A revised theory of protection motivation, in: Cacioppo, J. T., Petty, R. E. (Hrsg.): Social psychophysiogy: A source-book, New York 1983, S. 153-176.

Schröder, H.: Multichannel-Retailing: Marketing in Mehrkanalsystemen des Einzelhandels, Berlin u. a. 2005.

Shimp, T. A., Bearden, W. O.: Warranty and Other Extrinsic Cue Effects on Consumers` Risk Perceptions, in: Journal of Consumer Research, Vol. 9, 6, 1982, S. 38-46.

Singh, J.: A typology of consumer dissatisfaction response styles, in: Journal of Retailing, Vol. 66, No. 1, 1990, S. 57–98.

Slovic, P., Lichtenstein, S.: Comparison of bayesian and regression approaches to the study of information processing in judgement, in: Organizational Behavior and Human Performance, 6, 1971, S. 649-744.

Slovic, P., MacPhillamy, D.: Dimensional commensurability and cue utilization in comparative judgement, in: Organizational Behavior and Human Performance, 11, 1974, S. 172-194.

Smith, A. K., Bolton, R. N., Wagner, J.: A Model of Customer Satisfaction with Service Encounters Involving Failure and Recovery, in: Journal of Marketing Research, Vol. XXXVI, 1999, S. 356-372.

Stafford, M. R.: Tangibility in Services Advertising: An Investigation of Verbal Versus Visual Cues, in: Journal of Advertising, Vol. 25, No. 3, 1996, S. 13-28.

Standop, D.: Sicherheitskommunikation, in: Berndt, R.; Hermanns, A. (Hrsg.): Handbuch Marketing-Kommunikation, Wiesbaden 1993, S. 946-964.

Standop, D.: Mehr Sicherheit des privaten Konsums durch verstärkte Produkthaftung? Abschiedsvorlesung von Prof. Dr. Dirk Standop, 17. Juli 2009, Vortragsfassung, in: Beiträge des Fachbereichs Wirtschaftswissenschaften der Universität Osnabrück, Nr. 7, 2009.

Standop, D., Grunwald, G.: Die Bedeutung von Kaufgewährleistungsansprüchen für das Reklamationsverhalten von Konsumenten und die Reputation des Produzenten: Verhaltenspsychologische Erklärungsansätze und empirische Befunde, in: Beiträge des Fachbereichs Wirtschaftswissenschaften der Universität Osnabrück, Nr. 4, 2008.

Standop, D., Grunwald, G.: Impacts of Warranty Claims on Consumers' Complaint Behaviour and Producer's Reputation: A Behavioural Psychology Analysis and Empirical Findings, in: Ebers, M., Janssen, A., Meyer, O. (Hrsg.): European Perspectives on Producers' Liability – Direct Producers' Liability for Non-conformity and the Sellers' Right of Redress, Sellier European Law Publishers, München 2009, S. 105-124.

Tax, S. S., Brown, S. W.: Recovering and Learning from Service Failures, in: Sloan Management Review 40 (Fall), 1998, S. 75-88.

Tax, S. S., Brown, S. W., Chandrashekaran, M.: Customer Evaluations of Service Complaint Experiences: Implications for Relationship Marketing, in: Journal of Marketing, Vol. 62, 1998, S. 60-76.

Taylor, S. E.: The availability bias in social perception, in: Kahneman, D., Slovic, P., Tversky, A. (Hrsg.): Judgment under uncertainty: Heuristics and biases, Cambridge 1982, S. 190-200.

van Raaij, W. F.: The Formation and Use of Expectations in Consumer Decision Making, in: Robertson, T. S., Kassarjian, H. H. (Hrsg.): Handbook of Consumer Behavior, Englewood Cliffs 1991, S. 401-418.

Voss, G. B., Ahmed, I.: Extended Warranties: A Behavioral Perspective, in: Advances in Consumer Research 19, 1992, S. 879-886.

v. Ungern-Sternberg, T. R.: Zur Analyse von Märkten mit unvollständiger Nachfragerinformation, Berlin u. a. 1984.

Weinberger, M. G., Dillon, W. R.: The Effects of Unfavorable Product Rating Information, in: Advances in Consumer Research, Vol. 7, 1980, S. 528-532.

Weiner, B.: An Attributional Theory of Achievement Motivation and Emotion, in: Psychological Review, Vol. 92, No. 4, 1985, S. 548-573.

Weiner, B.: Attributional Thoughts about Consumer Behavior, in: Journal of Consumer Research, Vol. 27, 2000, S. 382-387.